山原过渡区城镇增长边界划定方法研究

夏小江　王　潇　张　越　等著

中国建筑工业出版社

核发地图审图号：川S〔2023〕00097号
图书在版编目（CIP）数据

山原过渡区城镇增长边界划定方法研究 / 夏小江等著.
—北京：中国建筑工业出版社，2023.12
ISBN 978-7-112-29350-6

Ⅰ.①山… Ⅱ.①夏… Ⅲ.①城镇—城市规划—研究
Ⅳ.①TU984

中国国家版本馆CIP数据核字(2023)第221583号

本书通过对城镇增长边界的概念及其发展过程、划定方法进行梳理，以及对青藏高原东缘和成都平原的不同尺度的城镇进行研究，使用目前较为先进的模拟预测方法作为案例进行仿真划定，为读者提供较为科学的城镇增长边界划定方法。本书共分为四部分。第一部分是对城镇增长边界的综述，主要聚焦城镇增长边界的基本概念、发展历程与划定的意义，同时选取了国内外城镇增长边界的案例进行介绍；第二部分是对城镇增长边界的划定方法进行综述；第三部分选取ANN−CA和PLUS这两种方法，以成都市和都江堰市作为城镇增长边界划定的应用案例；第四部分提出了对于城镇增长边界划定的展望。

本书的研究成果不仅可以为城镇增长边界的划定提供科学依据，也可以为城乡规划和空间治理提供重要参考。

责任编辑：徐仲莉　王砾瑶
责任校对：芦欣甜
校对整理：孙　莹

山原过渡区城镇增长边界划定方法研究
夏小江　王　潇　张　越　等著
*
中国建筑工业出版社出版、发行（北京海淀三里河路9号）
各地新华书店、建筑书店经销
北京光大印艺文化发展有限公司制版
建工社（河北）印刷有限公司印刷
*
开本：787毫米×960毫米　1/16　印张：15　字数：219千字
2024年1月第一版　　2024年1月第一次印刷
定价：68.00元
ISBN 978-7-112-29350-6
（42022）

本书著写委员会

著　者：夏小江　王　潇　张　越

成　员：蹇　玲　刘秀英　饶铁钏　冉茂梅　张　菁　赵银兵
张　扬　吴柏清　刘　栋　卢海霞　陈文德　何　杰
何新东　易桂花　石亚灵　张　翔　倪忠云　杨　薇
梅　燕　谢　萍　张海琳　宋广林

前言

城市蔓延是快速城市化的结果，它是一种低密度、不连续和依赖交通的外延式城市发展模式，通常会消耗大量的耕地和自然资源，造成环境破坏，对城市的空间结构产生不利影响。在经济高速增长的国家和地区，城市蔓延是主要的城市发展问题之一。2016年，联合国住房与可持续城市发展大会在厄瓜多尔首都基多召开。会议通过的《新城市议程》指出："到2050年，世界城市人口预计将增加近一倍，使城市化成为21世纪最具变革性的趋势之一。""我们鼓励制定空间开发战略，酌情考虑到需引导城市扩展……预防城市的无序扩张和边缘化。"

我国是世界城镇化进程的主要引擎之一。城镇化率从20世纪70年代后期的不足20%上升到2022年的65%以上。随着城市化面积的不断扩大，过度城镇化的后果开始显现。20世纪末，我国引入城镇增长边界的概念，2006年我国明确要求在城市总体规划编制过程中，"研究中心城区空间增长边界，确定建设用地规模，划定建设用地范围"，并要求"严格新城新区建设条件，防止城区无序扩散"和"城市规划要逐步从扩张规划向划定城市边界、优化空间结构的规划转变"。2015年，中央城市工作会议提出：坚持集约发展，树立"智慧增长"和"紧凑型城市"理念，科学划定城市发展边界，推动城市发展方式由外延性向内涵性转变。2014年，中国选择14个城市开展城镇增长边界划定试点，启动了城镇增长边界的划定实践。

新时代以来，习近平总书记高度重视国家空间治理体系的高效运作，原创性地提出了一系列关于区域经济发展和空间治理的新理念、新思想、新战略。2019年，中共中央、国务院印发《中共中央　国务院关于建立国土空间规划体系并监督实施的若干意见》，提出在资源环境承载能力和国土空间开发适宜性评价的基础上，科学有序统筹布局生态、农业、城镇等功能空间，划定城镇开发边界等空间管控边界，强化底线约束，为可持续发展预留空间。

至此，实施城镇增长边界成为我国空间治理体系过程中的重要管控手段，是促进城镇可持续发展、优化国土空间发展格局的重要政策工具之一。然而在城镇增长边界划定的实践中，城镇规模的预测仍然存在缺乏科学性、缺少弹性的问题。为了解决这一问题，本书通过对城镇增长边界的概念及其发展过程、划定方法进行梳理，以及对青藏高原东缘和成都平原的不同尺度的城镇进行研究，使用目前较为先进的模拟预测方法作为案例进行仿真划定，为读者提供较为科学的城镇增长边界划定方法。

本书共分为四部分。第一部分是对城镇增长边界的综述，主要聚焦城镇增长边界的基本概念、发展历程与划定的意义，同时选取了国内外城镇增长边界的案例进行介绍；第二部分是对城镇增长边界的划定方法进行综述；第三部分选取ANN-CA和PLUS这两种方法，以成都市和都江堰市作为城镇增长边界划定的应用案例；第四部分提出了对于城镇增长边界划定的展望。

本书的研究成果不仅可以为城镇增长边界的划定提供科学依据，也可以为城乡规划和空间治理提供重要参考。我们希望通过本书的阅读，读者可以加深对城镇增长边界概念的理解，掌握城镇增长边界的划定方法，以期为推动城镇可持续发展、优化国土空间发展格局提供些许借鉴和参考。

最后，感谢读者对本书的关注和支持，也感谢所有为本书的出版和研究工作作出贡献的人员。希望本书能够为读者提供有益的知识和启示。

由于编者水平有限，疏漏在所难免，不当之处敬请批评指正。

目录

第一部分　综述

第一章　概述 002
1.1　城镇增长边界的概念 002
1.2　城镇增长边界的历史发展历程 005
1.3　城镇增长边界划定的研究背景 009
1.4　城镇增长边界划定的意义 012
第二章　国内外城镇增长边界的相关研究 015
2.1　国际研究 015
2.2　国内研究 020
第三章　国内外城镇增长边界实施的相关案例 024
3.1　国外案例 024
3.2　国内案例 034

第二部分　方法研究

第四章　城镇增长边界划定的技术路线 042
第五章　城镇增长边界划定方法概述 058

5.1 简单线性回归 058
5.2 CA-Markov耦合 064
5.3 CA与人工智能相结合算法 066

第六章 与CA结合的划定方法在国土空间规划中的应用前景 071
6.1 城镇发展边界在国土空间规划体系中的地位与作用 071
6.2 相关编制成果与案例 075
6.3 意义 082

第三部分 应用案例

第七章 基于ANN-CA方法的都江堰增长边界划定 088
7.1 研究区概况 088
7.2 研究方法概述 101
7.3 适宜性评价 114
7.4 用地类型识别 124
7.5 城镇增长边界划定 138

第八章 基于PLUS方法的都江堰城镇增长边界划定 145
8.1 研究方法概述 145
8.2 城镇增长边界划定 157

第九章 基于ANN-CA方法的成都市城镇增长边界划定 164
9.1 研究区概况 165
9.2 研究方法概述 167
9.3 适宜性评价 175
9.4 增长边界划定 181

第十章　结合生态网络与PLUS方法的成都市增长边界划定 190
10.1　研究方法概述 191
10.2　生态网络识别 194
10.3　用地类型识别 200
10.4　增长边界划定 205
10.5　小结 208
第十一章　两种划定方法对比分析 210
11.1　ANN-CA与PLUS方法的原理对比 210
11.2　ANN-CA与PLUS方法的优劣势对比 212
11.3　ANN-CA与PLUS模型的功能对比 213
11.4　ANN-CA与PLUS方法模拟结果的对比 214

第四部分　展望

第十二章　城镇增长边界实施过程中应当重视的问题与展望 218
12.1　城镇增长边界实施过程中应当重视的基本问题 218
12.2　未来城镇增长边界划定的发展展望 220
参考文献 223

第一部分　综述

第一章　概述

1.1　城镇增长边界的概念

1.1.1　城镇增长边界

城镇增长边界（UGB）是指在城镇周围划定的用来限制城镇空间无序延伸的政策措施，也是一定时期内城镇空间扩张的边界线。城镇边界内的土地用来满足城镇当前与未来的发展需求，它在遏制城镇土地低效率开发的同时，还可以引导和促进城镇的发展。以此来看，城镇增长边界是在科学考虑当前各种影响因素的综合作用下，在城镇合理规模的基础上设定的“刚性”边界。然而，考虑到相关政策和各种外部条件的变化会导致城镇的动态和阶段性发展，城镇增长边界的刚性只能在一定时期内维持。从时间序列的角度来看，边界是一个阶段性边界，是科学规划和合理引导城镇土地内部挖潜和存量再利用的“弹性”边界。根据上述分析，城镇增长边界是同时具有“刚性”和“弹性”的双重边界。

城镇增长边界的概念最早是由美国的Salem于20世纪70年代提出，其初衷是通过界定城市土地和农村土地之间的边界来解决城市发展问题。国内对城镇增长边界的研究比国外晚，20世纪90年代末国内学术界开始关注UGB的研究。事实上，自2006年以来，城镇增长边界的划定在中国城镇化的相关政策和法规中一再出现。特别是在2017年国务院发布的《全国国土规划纲要（2016—2030年）》

和中共中央办公厅、国务院办公厅印发的《关于划定并严守生态保护红线的若干意见》中，明确指出要设立“生存线”“生态线”“生态保护红线”“保障线”。“生态线”“生存线”“生态保护红线”是城镇增长的“刚性”边界，“保障线”是城镇发展的“弹性”边界。有学者从政府管理角度将其理解为“被政府所采用并标记在地图上，以此来区分城市化区域与周围自然生态空间之间的重要边界”；也有学者从地形、地貌的角度出发，提出“城镇空间增长边界是都市圈中应该具有地理边界的有限空间”，这些地理界限的来源是地形、农田、分水岭、河流、海岸线和区域公园等；也有学者从城乡关系的角度出发，认为“城镇增长边界是一条划分城镇与乡村的分界线，是一种城镇空间控制和管理的手段”；还有学者认为“城镇增长边界是城镇的预期扩展边界，边界内是当前城镇和为满足城镇未来增长需求而预留的土地”。本书认为城镇增长边界是城镇建设用地与非建设用地之间的边界，是控制城镇无序蔓延的政策手段，也是一定时期内城镇空间扩张的边界，不仅是有效保护城镇自然和生态资源环境的“刚性”边界，也是随着自然、社会、经济等因素变化而相应发生变化，进而引导城镇健康发展的“弹性”边界。

1.1.2　城镇边界

城镇边界是区分城镇与乡村的界线，是城镇扩张过程中不断变化的区域。城镇边界包括广义和狭义两个概念，广义的城镇边界是指一个区域，含义更加接近于“城镇边缘区”“城乡交错带”；狭义的城镇边界是指一条线，可以是实体存在，如山体、城墙、河流等，也可以是非实体存在，如行政界线、城镇增长边界等。平原城镇和山地城镇在划定城镇开发边界时需要考虑的因素不同，如平原城镇在划定开发边界时，要尊重不同历史时期城镇发展形成的格局和肌理，同时考虑历史性城市（镇）景观、通风廊道、生态斑块等内容。山地城镇开发边界的划定重点应放在因地形带来的空间构成、城市景观整合和“山—城”天际线的研判上，同时将山水骨架纳入开发边界线内。随着城镇经济的迅速发展，农村人口不断涌入城镇，城镇空间持续蔓延，城镇边界日益模糊。在我国，作为唯一明确的城镇行政边界也存在着诸多弊端，城镇行政边界经常被更改，如“市管县”“撤县改市”“撤县改区”等政策的实行，因此城镇行政边界也不能准确地反映出城镇实体地域的范围。此外，我国城乡人口统计口径的经常性变动也是城镇边界不确定的表现，这给城镇化水平的测算工作带来了困难，也给学者对我国城镇问题研究带来了很大的不便。在城镇管理与规划工作中，若城镇范围划定过大，即包含大量乡村区域和乡村人口（国际上称为跨界城市），则会浪费人力、物力和财力；若城镇范围划定过小，即没有包含全部已经城镇化的土地（国际上称为界内城市），则会阻碍部分相对发达地区的发展速度。只有准确地界定出城镇边界，真实地反映城镇现状，才能使城镇规划更加具有导向性的价值。

1.1.3 城市建成区

城市建成区是指行政区划内已经完成建设的区域。具体而言，是指在市行政区域内征收的土地和实际建设开发的非农业生产建设区，包括与城市关系密切、市政公共设施基本完善的集中城区和分散在郊区的城市建设用地。“城市”是一个行政区划单位，在一定程度上可以反映一个城市的城市化水平，现行的城市行政区划只能表达城市的行政范围，而不能准确反映确定的城市建设规模。因此，需要使用城市建成区来反映城市化的实际规模。然而，城市建成区范围的定义一直是一个有争议的话题，缺乏系统的定义体系。因此，许多学者对此进行了讨论和研究，部分学者认为城市建成区的范围是基于大面积的建设用地，这可以包含内部的人工湖泊、人工绿地公园和人工草地等为城市生活服务的非建设用地。也有学者认为城市建成区范围仅包括城市中大面积且连续的建设用地，而小面积且破碎的建设用地和城市绿化水体等不属于城市建成区。基于上述学者对城市建成区边界的探讨，本书认为城市建成区应具有以下基本特性：

（1）功能性：城市建成区在维持城市的正常运转中起着一定的作用，通常为居民的生活提供保障，是城市发展的具体体现。

（2）设施的完整性：确定为城市建成区的区域必须包含为居民生活和生产提供功效的公共设施及市政公用设施，在基本完善的设施支持下城市才能持续发展。

（3）建设现势性：城市建成区范围应与对应年份紧密结合，对城市建设用地的判定标准应该是是否已经实际建成或正在建设中，对于已租赁但未建设的土地均不属于城市建成区范围。

（4）扩张的连续性：随着社会的发展，城市建成区不断向外扩张，这是一个大趋势。城市建成区持续从内向外扩展，不停地侵占城市外围生态空间和自然环境。随着时间的推移呈现出持续的扩展状态，反映了城市建成区扩展的连续性。

聚集成片的建设用地是城市建成区，小面积破碎的建设用地不属于城市建成区，建设用地内部的小面积水体、植被和裸地属于城市建成区，因为其具有较强的生活服务功能，而位于建设用地内部的大面积河流、植被和裸地则不属于城市建成区。综上所述，本书认定的城市建成区范围包括大面积连片的建设用地及其内部的小面积水体、植被和裸地。

1.2 城镇增长边界的历史发展历程

中外学术界关于城镇增长边界的研究有所不同。20世纪70年代，在经过了郊区化城市的蔓延之后，西方国家又开始探讨确定城市发展界限（Urban Growth Boundary，UGB）的理论和办法，主要有通过增加城市土地利用效率、确定城市发展界限、转变城市的交通模式、改变现有社区、强化城市环境治理等改变城市发展模式的办法。陈冰红等（2019）的研究成果表明，在这一时期，确定城镇发展边界的方式在新西兰和日本等多个国家的城市中都有广泛的运用。从2000年起，管理的政策理论已经不再仅限于绿色地带政策的精英主义方面，而是越来越广泛地扩大了城镇发展边界规划理论、优化城市形态的政策理论等更多方面的内容，Hop Kins等（2001）提出了对城镇增长边界的管理，Jerry Weitz等（1998）开始深入研究在城市发展边界内的意识形态发展，目前有关理论仍在进一步拓展和完善。

国外研究者对UGB的研究，主要涉及UGB在土地供给、开放时间和地理位置等方向的研究。Gerrit J. Knaap等（2001）着力深入研究城镇增长边界的确定方法。Diener J.等（2004）认为，最初可追溯到1958年在美国的塞勒姆市首次提倡和使用土地，其用意是对城市用地开发模式进行更深刻的认识和反省，但如今已是美国为遏制城市化蔓延实现经济精明发展最成功的手段与政策工具之一。在之后的研究中，UGB的内涵被不断更新。Duany等（1998）从对地形条件的研究出发，以新的视角来重新界定UGB，同时认为城市的地形、公园、道路、河流、农田这些性质的单元，都可以作为划定UGB的条件，不会因为城市化开发而消失。Jerry Weitz等（1998）认为UGB能够缓解城市无序蔓延，原因是通过加以限制UGB之外的非农用地转换为城市用地来实现的。David等（2004）从当地政府管理视角将UGB视为“被当地政府所采纳并在版图上标明”，以划分城镇化地带与周围生态开敞空间的主要界线。Pendall等（2002）则提出，增设城市增长边界的主要目的是保留开放空间，并增加城市土地使用效益。Long Ying等（2006）将城镇增长边界的扩大视作一种存量控制问题。Jantz Claire等（2003）认为UGB是城镇化的预期扩张限制，边界范围为当前城市规划状况与适应城镇化未来发展需要时所保留的土地。

关于城市增长边界各年份论文统计详见图1-1。

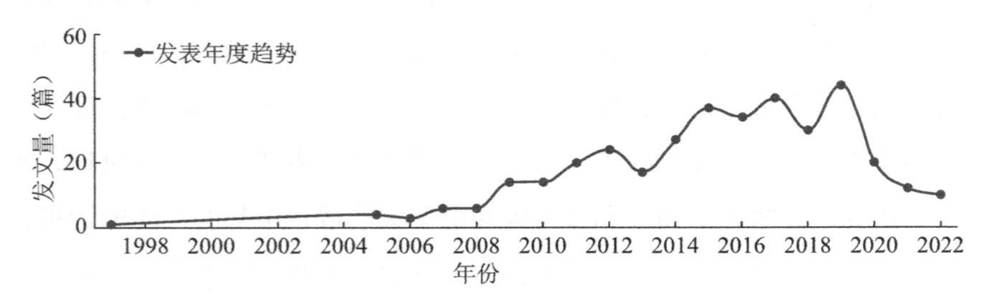

图1-1 关于城市增长边界各年份论文统计数

我国关于城镇增长边界的研究起步相对较晚，尽管我国目前也已经开始重视和构建了诸如城市化扩张的内部环境约束管理机制和外围刚性约束制度，通过划分城镇化发展的界限和非建设范围，并且制定限建区来保障城镇周围的基础耕地和自然环境。不过与国外国家相比较，目前我国对于城镇增长边界的研究仍然相对欠缺。目前我国的很多控制界限已经部分起到城镇增长边界的作用，用以遏制城市的蔓延（戴湘君等，2021）。张润朋等（2010）认为增设城镇增长边界是西方国家为解决是否开发城市某一特定区域而提出的政策措施。城镇增长边界对控制城镇无序蔓延以及制定相关土地法规政策有着重要的影响，不仅限制了城市的发展，更是保护了城市重要的生态环境和资源。通过对中国知网（CNKI）的关键字“城镇增长边界”进行检索，检索结果共计353篇，在文章研究方面主要是城镇增长在空间上的理论研究，近年来涌现出大量通过模型动态地模拟城镇增长边界，从论文的出版年份看（图1-1），主要集中在2008年之后。张进（2002）首次把增长边界等城市发展管理工具带回我国，研究内容主要是介绍美国城市实施边界管理的方法和经验。从2007年起，学术界对城镇增长边界的研究予以普遍重视。在已有文献中，学者们对于城市增长边界的认识多种多样。王颖等（2014）则认为我国和美国相比较，城市郊区土地资源比较密集，应用的增长边界主要是用来处理中国高速城镇化时期大中型城市急速扩张对周围生态土地资源的侵蚀，以及土地资源的浪费。王久钰（2019）则提到，国内学术界关于城镇增长边界的研究集中于其含义、政策应用、划定方法、适宜性分析等方面。牛惠恩等（2004）则从城乡关系的视角出发，认为城镇增长边界是一条区分城市与乡村的界线，是一种城市空间调控与管理的重要手段。黄慧明等（2007）提出我国目前的城镇边界管理，应该更加重视对不可建设土地的合理界定，利用基本农田、林地、生态自然保护区等具有实际管理效力的自然边界，以保存最重要的土地资源和开敞空间，给后人留下一份珍贵的财富。吴箐等（2011）从城镇化发展的角度看，城镇增长边界可以视为城镇的预留扩展边界，边界范围内是按照当前城市规划与满足未来发展需要的预留土地。段德罡等（2009）指出城镇增长边界是指城市规划建设用地与非建设用地的界限，是为遏制城镇化无序化发展所形成的一项重要手段与政策措施，也是城市规划中在某一时期实现空间扩张的重要界限。朱京海等（2020）认为城镇增长边界是城市的预期扩展界限。蒋玮从景观生态学的角度出发，将城镇增长边界视为去除天然生存空间以及郊野地带的区域边界。黄明华等（2020）则从城镇化发展的需要考虑，认为城镇发展界限主要是为了适应城市化未来发展需要而保留的空间结构，包含根据城市内非建设区的生态健康底线要求的“刚性”边界和随着城市发展加以调节的“弹性”边界，应兼有“刚性”和“弹性”双重边界。韩昊英等（2015）将限定城市扩张的界限概念定义为广义的城市扩张界限，将规划为城乡建设区的界限概念定义为狭义的城市扩张界限。张振龙等（2010）认为城镇发展的边界是存在于城镇服务界限和绿带范围内的，法律所确定的城市可建设区限定范畴，在这个边界以内是未来城镇发展用地，在这个边界之外则只能够发展耕地和生态保留的开敞空间，且不得进行城市规划建设。吕斌和徐勤政（2010）比较全面地对比了中国和美国关于城镇增长边界的含义及定位，对比涵盖了界限确定的目标、城镇规划时效和城镇规划区域、界限的属性和特点、管理方法和空间管理措施等多个方面，提议首先确定不进行开发的城市生态安全底线，再兼顾对土地利用和社会经济发展的影响，并按期制定城镇增长边界。

从上述综述可以得知，中西方学者根据自身的学科背景与研究方向，针对城镇增长边界的定义提出了不同的观点，但具有以下基本共识：（1）城镇增长边界是一项多目标的城市空间管理计划技术工具，主要目标是将自然和社会之间的整合达到最佳的效果，力图将都市设计向适当的区域引导，并避免风险区域和维护森林、水体、耕地等自然环境敏感区域。（2）城镇增长边界并没有一个稳定的界限，各区域应从实际出发，划定可变的或是永久的增长界限。根据我国城镇化的快速增长实际，城镇增长边界既需要确定对长期不能开展城市化工作的保护区“刚性”底线，也必须应对无法预测的城镇周边发展的“弹性”

空间、“动态”边界（王颖等，2014）。基于对城镇增长边界概念的研究，本书对城镇增长边界的界定如表1-1所示。

表1-1　本书对城镇增长边界的界定

边界类型	划定依据	主要功能
“刚性”边界	城市社会经济和产业发展需要；用地适宜性；建设适宜性	由于社会经济产业发展需要，在适宜城镇建设的范围内，可优先在此区域进行建设
“弹性”边界	用地适宜性；生态保护	保护城镇生态安全，控制城镇建设用地向外蔓延的边界

1.3　城镇增长边界划定的研究背景

1.3.1　山原过渡区是建设生态保护和特色新型城镇化的空间载体

山原过渡区是高山地带和平原地带之间的地理过渡带，是具有山地和平原地貌特征的地区。作为山地和平原两个不同属性的地理单元相连接的区域，山原过渡区对农业和人类活动具有重要意义，在国土空间规划和研究城市扩张方面具有重要的意义。这一区域的地形地貌呈现阶梯形分布，从青藏高原到太平洋海拔高度逐级递减。在中国西南地区，四川省的地形地貌具有典型的山原过渡区特征。

山原过渡区地势起伏大，地貌种类多样，是山地和平原的交叉地带。它是自然生态系统向人工生态系统逐渐过渡的主要区域，具有广泛而散布的生态要素。然而，由于该区域自然地理边缘效应明显，保护政策相对较少，生态脆弱性较高。因此，在国家层面上，需要加强对山原过渡区的生态保护，落实限制发展政策，并加强自然保护区、重要生态功能保护区和生态脆弱区的建设。

随着全球城镇化进程的加速，城镇人口不断增加，山原过渡区作为生态保护和特色新型城镇化的空间载体具有重要的作用。根据最新的规划，中国将实施大中小城市和小城镇协调发展的战略，城镇化率将在2035年和2050年分别达到约75%和80%。在这一过程中，山原过渡区的资源禀赋和区位特殊性需要得到充分考虑。

在推动国家新型城镇化战略时，应探索适合山原过渡区的个性化城镇化道路。通过以点带面的方式，统筹推动生态系统的建设和特色新型城镇化的发展。山原过渡区作为连接山地和平原的重要区域，在国土空间规划和城市增长中具有重要的地位。通过加强生态保护和特色新型城镇化建设，可以实现该区域的可持续发展，保护生态环境，提升居民生活质量，并塑造独特的地域文化和经济发展模式。

1.3.2 国土空间优化是实现山原过渡区域协同和可持续发展的重要战略

我国生态脆弱地区广泛分布，其中中度以上的生态脆弱区域占据了国土空间的一半以上。这种脆弱的生态环境导致大型工业和城市建设只能在有限的国土空间内进行。随着社会经济的快速发展，山原过渡带的发展日益强劲，有效地推动了社会和经济的沟通与成长，加快了城镇化进程。然而，人口增长、城市扩大和社会经济活动的紧密发展也给过渡区带来重大威胁，特别是以耕地为核心的生态系统面临建设用地扩大、工农业生产等方面的压力。

过去的城镇化过程中，对生态网络的关注不足，对生态空间的识别、系统结构和控制都不够重视。山原过渡区作为生态环境条件和两种不同生态体系的核心区域，存在着显著的差异，是生态环境变动的重要地区，也是生态保护的关键。为了实现可持续发展的目标，《2022年新型城镇化和城乡融合发展重点任务》明确指出国土空间优化的主要内容之一是加强农业人口市民化，改善其建设质量。这就需要加强对生态脆弱区域的保护，降低人类活动对其造成的影响。通过人口转移，逐步减轻生态压力，并提高过渡区域的生态服务功能。

对于山原过渡区域内农业生产和人类活动高度集中的区域，需要综合考虑生态和城市发展的协调与统筹，这意味着在保证生态系统服务和生态产品的基础上，进行区域空间优化。通过综合考虑自然、经济和社会的三重作用，可以实现区域的可持续发展，并有效地减少城市增长所带来的负面风险。

1.3.3 城镇增长边界划定是促进山原过渡区国土空间优化的有效策略

随着中国城镇化水平的不断提高，生态环境的恶化问题成为制约过渡区可持续发展的重要因素。为了实现高效、包容、可持续的城市化目标，并综合考虑环境、经济和社会的可持续性，中国政府推出了“三区三线”计划，城镇增长边界的划定是其中的重要内容。

根据联合国的预计，中国的城镇化水平将在2050年达到78.3%。然而，城镇化过程中常常伴随着生物多样性丧失、生态系统服务供应能力下降等问题，特别是在山原过渡区这样的新型环境载体中，生态环境问题严重制约着该地区的可持续发展，同时引发了许多社会、经济和人口问题。为了解决这一问题，中国政府发布了“三区三线”计划，将其作为都市增长边界，通过引导地区土地的合理开发和自然资源的合理利用，实现国土空间的优化与可持续发展。其中，城镇增长边界的划定是关键的一步。

在新型城镇化背景下，明晰城镇增长肌理，保证社会经济发展的同时优化城市用地空间格局，合理划定生态保护红线、建设用地边界和城镇开发边界成为国土空间规划的重点工作之一。中国政府在国土空间规划制度中明确提出“约束性的城镇增长边界”，并通过《中共中央 国务院关于建立国土空间规划体系并监督实施的若干意见》等文件提出了具体的措施来管理城镇增长边界的内外差异化。

统筹划定可持续发展的城镇增长边界对于促进山原过渡区国土空间优化具有多重意义。城镇增长边界的划定可以有效控制城镇扩张速度，避免城市过度蔓延。通过限制城镇建设用地的范围，可以引导城镇向内部集约化发展，减少对农田和生态环境的占用，保护生态系统的完整性。城镇增长边界的划定可以提高土地利用效率。合理规划和利用城市用地，优化土地利用结构，避免重复建设和资源浪费，提高土地利用的经济效益和社会效益。城镇增长边界的划定还能保护和提升生态环境质量。通过明确的城镇增长边界划定，可以确保生态保护红线的有效实施，保护生物的多样性和生态系统的完整性，提升生态系统的供给能力和生态服务功能。

在实施城镇增长边界划定时，需要综合考虑山原过渡区的自然条件、生态环境状况和社会经济发展需求。应采用科学的方法和技术手段，结合区域规划、土地利用规划和生态保护规划等多层面、多角度的考虑，确保划定的城镇增长边界与生态环境的协调统一。城镇增长边界的划定是促进山原过渡区国土空间优化的有效策略。通过合理划定城市增长边界，可以控制城市扩张速度，提高土地利用效率，同时保护和提升生态环境质量，实现城镇化与生态保护的协调发展，推动过渡区实现可持续发展。

1.4 城镇增长边界划定的意义

1.4.1 有利于生态安全

大力发展的城市建设造成水土流失、土壤沙化、植被破坏、生物生存环境缩减、环境污染等一系列生态问题。因此，如何控制城市过度扩张、实现可持续发展，是我国城市必须认真思考和对待的问题。UGB通过划定边界线来控制城镇蔓延和引导理性增长，不仅是将城镇发展限定在适宜发展区，更重要的是对重要生态资源的保护和土地资源的节约。如通过划定自然保护区、基本农田边界来减少城市发展对生态环境的侵害，进而推进城镇可持续增长，维护城镇生态安全和基本生态系统服务的底线安全格局，有效地遏制了城镇无序蔓延，并引导城镇健康发展。

当前，生态破坏已成为制约我国城镇发展的重大要素。在积极引导城镇空间合理扩张的同时，确保城镇的生态安全，推动城镇向健康可持续的方向发展具有重要意义。因此，本书从生态安全的角度对城镇空间增长边界的划定进行了研究，其研究意义如下：

（1）有效抑制城市无序扩张，保护耕地等重要生态资源

城镇经济发展和人口增长的需求导致我国大部分城镇用地规模不断扩大，侵占了周边的农村用地和生态绿地等重要资源。UGB的提出是为了控制城镇的这种无序扩张，引导城镇空间的合理增长，以保护对城镇发展具有重要意义的生态资源。

（2）提高土地利用效率和维护城镇生态系统安全

设定城镇空间增长边界，划分建设用地与非建设用地的边界，把城镇的发展限制在一定的地理范围内，这就促使政府和开发商对城镇内部的土地进行高密度开发或者再开发，从而提高城镇土地的利用效率。把建立生态安全预测体系作为UGB划定的前提，能够有效保证城市空间格局的生态安全状态，推动城镇走向可持续发展道路。

1.4.2 有利于引导和实现城镇可持续发展

UGB具有管理区域和协调城镇发展的特性，在帮助城镇规划者控制城市扩张方向和形态方面具有广泛应用。一方面，在城镇空间大规模低效率扩展的影响下，“城市病”愈演愈烈，倒逼城镇提高土地节约集约利用度，划定其增长边界。在城镇化高速推进的背景下，城镇规模增长速度持续走高，城镇空间增长边界的划定能够有效控制城镇“摊大饼式”的无序扩张，本书利用城镇空间增长边界将研究区域划分为建成区、建设用地可扩展区域、建设用地不可扩张区域三部分，严格控制建设用地无序扩张，提高土地利用节约集约程度。另一方面，当前社会各界大力倡导的健康可持续城镇化道路引导国土空间布局向合理化发展，优化城市空间扩展骨架和空间管控格局，提高城市综合承载力。在实现这一目标的过程中，城镇空间增长边界划定起着必不可少的作用。

1.4.3 为城镇规划的实施与管理提供依据

《城市规划编制办法（2006版）》将城镇空间增长边界的研究纳入总体规划纲要和中心城区规划的编制内容中，从而肯定了城镇空间增长边界在城市规划体系中的地位与作用。城镇空间增长边界一经划定就意味着城镇的建设须在边界范围内进行，不允许超出该边界，从而成为城镇规划实施与管理的依据。

国家治理体系和治理能力现代化是全面深化改革的总目标，国土空间治理是推进国家治理体系和治理能力现代化的关键环节，而国土空间规划是构建国土空间治理体系的首要内容。2018年自然资源部的成立及2019年《中共中央 国务院关于建立国土空间规划体系并监督实施的若干意见》的颁布，遵循生态文明建设、“多规合一”、以人为本的高质量发展等线索，将主体功能区、土地利用总体规划、城乡规划等空间规划融合为统一的国土空间规划体系，并明确全域、全要素、全过程覆盖的国土空间管控体系，标志着国土空间规划体系的建立。2019年中共中央办公厅、国务院办公厅印发了《关于在国土空间规划中统筹划定落实三条控制线的指导意见》，明确利用生态保护红线、永久基本农田、城镇开发边界三条控制线作为产业结构调整，成为城镇化推进中不可逾越的红线。因此，科学地划定城镇开发边界对城镇发展以及城镇格局优化具有重大意义。

第二章　国内外城镇增长边界的相关研究

2.1　国际研究

2.1.1　城镇增长边界内涵演变

城镇增长边界是一种为了保护生态环境、遏制城市无序蔓延的政策措施，最早在西方国家广泛使用。20世纪70年代美国俄勒冈州制定的《规划与增长管理法案》首次提出城镇增长边界的概念，用以解决是否开发某一特定区域的问题。美国俄勒冈州塞勒姆市（Salem）与其周边两县——Marion 和 Polk 在城市发展管理中产生了冲突，最终结果是划定了美国第一条城镇增长边界。UGB界限范围内的土地主要用于城市发展，UGB界限范围外的土地主要用于农耕、林木等非城市用途，UGB界限范围内的土地可以进行开发，UGB界限范围外的土地不能进行开发。

在之后的研究中，UGB的内涵不断更新。一些学者通过从功能角度界定城镇增长边界，城镇增长边界可以合理引导城市土地开发和再开发，保护各种自然资源（特别是土地资源），它把城市范围明确限定在一个合理发展的区域，Richard Sybert认为UGB为限定城市外部区域发展的边界线，边界之外的土地不应该被开发（Richard Sybert，1991）。一些学者从地形、地貌特征这一角度界定城镇增长边界（Duany，1998），他们认为大都市地区的地理边界，如地形边界、农田范围、公园规模、河流边界和海岸线等具有明确分界性质的地理界线，应该作为UGB的参考线，不应随着城市的发展而消失。一些学者通过区分城市和周边地区来定义城市增长边界。科拉科夫斯基认为，UGB是控制城市增长的边界，是城镇和乡村之间的边界，边界外土地使用密度低，缺乏完善的公共设施和市政公用设施（Kolakowski K，2000）。一些学者重点关注城市的生态空间，Bengston等（2004）认为UGB是划分城市建设用地范围和周边自然生态空间的重要边界，是确保生态用地不被侵占的重要保障。

综上所述，城镇增长边界是为了防止城市蔓延和保护土地资源而允许城镇建设用地扩张的最大边界。无论城镇增长边界的内涵如何演变，它作为空间增长的政策管理措施的性质不会改变，它可以被加以规范和引导，有效解决城镇发展过程中盲目扩张和土地资源浪费等一系列问题。

2.1.2 城镇增长边界的国际研究现状

为了保护生态环境、制约城市空间无序蔓延带来的社会、经济和环境问题。国外许多专家学者都针对这一问题展开了大量研究。城镇增长边界的历史及其根源可以追溯到20世纪30年代。在英国，Howard在其著作《明日，一条通向真正改革的和平道路》一书中最早提出了城镇增长边界的理念，其将城镇增长边界作为一种城市规划工具，在这一时期，城镇增长边界被称为“绿化带”，“绿化带”用来限制城市在明确界定的区域内增长，从而限制城市的无序扩张，以保护“绿化带”以外的农村地区免受发展。20世纪50年代和60年代，日本的城市处于快速发展时期，日本的大都市地区也采用了城镇增长边界来管控城市的建设活动，以此来遏制城市无序蔓延。在阿尔巴尼亚，“黄线系统”用于划定城镇地区，用于界定城镇建设用地和农村非建设用地之间的边界。在南非，当地政府制定了一套城市综合发展的空间发展框架，其中包括如何科学合理地划分城镇边界。在一些城市基础设施十分紧张、爆炸性增长每年高达6%的国家，城镇增长边界已被提议作为首批城镇增长的管理工具之一，例如沙特阿拉伯等国家。在加拿大，城镇增长边界也是常见的区域规划工具，例如，温哥华、多伦多、渥太华和安大略省滑铁卢等大都市地区已经建立了城镇增长边界，以将城镇增长限制在某些区域，并保护生态环境。在美国，划定城镇增长边界的方法有很多，通常由国家政策指导。在加利福尼亚州，州法律规定每个县都由一个地方机构来组建一个委员会，为每个县的城市和城镇设定城镇增长边界；在田纳西州，城镇边界的作用仅仅是为了确定长期的城市边界，而不作用于控制城镇扩张；在得克萨斯州，城镇增长边界的划定被称为域外管辖边界，以规划未来的城镇发展，目标是尽量减少竞争性兼并。

2.1.3 城镇增长边界的划分方法

随着城镇增长边界这一技术手段和政策措施越来越受到重视，如何划定城镇增长边界已成为城镇管理和规划的一项重要任务。传统的城镇增长边界划定很大程度上取决于规划师的主观判断，缺乏足够的科学依据和定量支持，城镇增长边界的整体划定过程无法自动重复地进行。近年来，各种数据采集技术的进步为研究新型城镇化发展模式提供了新的视角。在中国，如何将多源数据与城镇增长边界相结合，更加科学合理地划定城镇增长边界，从而在满足生态环境保护的同时促进城镇有序增长，已成为当下的一个重要问题。因此，基于以土地利用数据为主的多源地理数据的城镇增长边界划定模式已成为一种新的趋势。迄今为止，世界各国的城镇增长边界划定方法可以总结归纳为三种类型：

（1）生态导向型。通过逆向规划思路以生态空间保护为出发点来探讨城镇增长边界的划定，借鉴“反规划”理论划定生态用地，对生态保护区进行禁建要求。此方法是根据自身条件和触及生态保护从而造成的不可建设用地，再把上述范围划分为城镇扩张时不可逾越的界限，从而确定了城镇可建设土地范围的最大值，并主要进行“刚性”边界的划定。该方法通过排除自然生态本底等不适合建设的区域来划定城镇增长边界，常见的划定方法有生态适宜性评价、生态敏感性分析评价、生态承载力方法、景观生态安全构建等，这种划定方法具有较强的可操作性。例如，Jantz等（2004）为华盛顿巴尔区域设计了三种不同的城镇扩张情景，他们在第三种设想方案中排除了许多的生态保护区，这种设想方案坚持有限的城镇增长。考虑到城镇扩张需要克服生态阻力，通过构建生态安全格局划定城镇增长边界的研究逐渐兴起（Liu et al.，2020；Wei & Zhan，2019），生态安全格局的构建一般通过生态系统服务功能和生态承载力评价实现。UGB应根据城镇的生态基础设施和生态安全的相关理论进行全面定义，其本质是通过在寻求限制因素的基础上划定城镇非建筑区域，逆向确定可建设区域的一种城镇空间规划方法，这种划定方法虽然能够很好地保护自然生态本底安全，但是这种方法侧重于制约因素，很可能忽略了城镇增长的现实动机，无法将人口和经济承载能力与未来土地的使用需求和城镇发展准确匹配。还有一点应注意的是，基于生态安全保护的边界忽略了土地建设的适宜性，它能否融入城镇的未来发展尚不可知，更不用说它在城镇空间扩展结构中的引导作用。

（2）增长需求型。此类方法区别于生态导向型是通过以城镇空间扩张模拟为基础的正向规划思路，把城镇建设用地视为一种连续发展的有机体，借助于人口、国民经济、各种资源、区位等各种因素的分析方法，结合模型模拟城镇化扩张，以便在仿真结果上划定城镇增长边界，并主要进行“弹性”边界的划定。目前应用较为广泛的方法有两类，一类是优先考虑未来城镇空间发展对土地利用的需求，综合考虑社会、经济、政策制度等要素，模拟预测未来土地利用格局进而划定城镇增长边界，还可以通过灵活调整数学模型的约束条件来设定城镇未来空间形态，比如不同的城镇扩张率等。这种划定方法易于实施并考虑了不同地区的自然禀赋和交通区位现状，因而大多数城镇都采用了该方法（Bhatta，2009）。在未来土地利用格局模拟时，基于自上而下原理的元胞自动机（Cellular Automata, CA）模型是最基本、最广泛的模拟方法，该模型可以通过简单灵活的转换规则获得未来城镇土地形态的粗略轮廓。转换规则是分析城镇空间演变是否合理的核心，也是整个元胞自动机分析的核心。由于转换规则和算法的不断演进，元胞自动机模型的理论和应用也在不断发展，包括遗传算法

（Genetic Algorithm, GA）、人工神经网络（Artificial Neural Network, ANN）、粒子群优化（Particle Swarm Optimization, PSO）和蚁群优化（Ant Colony Optimization, ACO）在内的算法，以及这些算法的各种组合，都已被纳入CA模拟。然而，涵盖各种算法的元胞自动机模型的研究侧重于转换规则，缺乏对政策和规划法规等外部人为因素的考量，因此这是一种惯性结果。简而言之，如果一个城镇已经呈现出蔓延的趋势，那么这种方法所设定的城镇增长边界将不会提高土地利用效率，反而会加剧低效率的“摊大饼式”城镇扩张。此外，不同城镇的扩张特征各不相同，该模型的模拟结果也不能真实反映复杂多变的城镇系统，难以应对模拟期间各种约束条件的突然变化，因此适用范围有限。

另一类是基于土地建设适宜性的分级评价，通过将该地区人口变化预测结果与人均建设用地指标相结合，确定未来城镇建设用地需求，从而设定城镇增长边界。然而，大多数人口预测方法都是基于历史数据，并使用逻辑模型来推断和预测未来的总人口数量，这极易受到政策和制度的影响，缺乏一定的严谨性。此外，随着城镇化进程和人口流动的加快，用这种方法得到的人口预测结果并不可靠，因此用这种方法模拟的建设用地规模不够科学，可能会影响边界划定的准确性。

（3）综合型。综合了上述两种思路即正向规划思路与逆向规划思路相结合，划定过程中既考虑自然生态环境的有效保护又能充分满足城镇发展过程中对土地利用的需求。该方法的基本思路通常是首先运用“反规划”理论确定自然生态保护和政策规划法案等空间制约区域及最有利于城镇化建设的发展区域，再在此基础上运用正向规划思路，根据资源、政策、交通、经济社会发展水平等综合因素选择模型来模拟城镇发展状况，优先选择适宜性比较高的地区确定城镇增长边界。目前应用最广泛的是将其纳入集成了各种算法的元胞自动机（CA）模型，以模拟预测和划定城镇增长边界。将生态用地纳入城镇扩张已经成为划定城镇增长边界的一大主要研究课题，这是人类生产生活活动与城镇化关系之间的准确模拟，可以为划定城镇增长边界提供有力依据。例如，Chakraborti等（2018）运用人工神经网络模型和生态景观指标划定了印度西里古里市的城镇增长边界，以期实现有效的城镇规划和降低生态用地破碎化。

综上所述，城镇增长边界的划定是对生态、经济和社会效益的综合考虑。单一的技术方法不能满足城镇发展需求和规划政策指导的多重目标，需要不断汲取最新有益的理论和实践案例，形成引导城镇有序扩张、整体效益最大化的城镇增长边界划定方案，助推城镇高质量可持续发展。

2.2 国内研究

国内对城镇增长边界的研究起步于对美国大城市增长模式改革的学习与运用。1997年，李丽萍（1997）通过介绍《美国大城市地区最新增长模式》一书，引入了美国对城市增长管理的区域性措施，并详细剖析了管理前后美国城市对低密度管理和郊区无限度扩张的管理成就；刘盛和（2002）通过系统评价国外对城镇土地利用扩展的空间模式由自由运作转向精明管理以及管理政策的研究进展，指出城镇土地利用的重点从归纳空间演绎模式深化到探究城镇土地开发过程中的决策与机制，他提出我国土地利用开发应强化市场地位，建立市场监管制度以实现城镇可持续发展；张进（2002）首次提出了有关中国城镇增长边界的相关概念，通过研究美国增长管理的内涵、法律框架、指导工具和实践管理，介绍美国增长管理的概念与经验。美国城市增长管理措施引发国内学者对增长管理中国化的深入研讨。建设部在2006年通过并实施的《城市规划编制办法》中明确规定了中心城市规划增长边界的概念，规定在制定一般城市规划时应当“研究中心城区空间增长边界，提出建设用地规模和建设用地范围”。

自2007年起，国内学者广泛关注城镇增长边界研究，将增长管理概念与我国城镇发展相结合，探讨增长边界划定的技术方法，以期实现国内城镇发展的可持续化。蒋芳等（2007）通过回顾城镇增长管理的理论形成及应用实践，重点探讨了城镇增长管理的政策工具以及实施效果，提出在城镇蔓延的消极影响下城镇增长管理是科学的城镇增长模式。万娟（2007）借鉴国外已有经验，将增长管理技术与我国城镇发展相结合，研究我国小城镇发展路径；刘宏燕和张培刚（2007）综合考虑增长管理在我国规划中的改革实践与政策应用环境，从指导理念、空间管制和实施措施三个层次构建了增长管理的应用框架。

国内对城镇增长边界的划定研究起步较晚，目前对其有多方面的认识和理解。2006年建设部出台的《城市规划编制办法》首次提出了“城市增长边界”的概念（谭荣辉等，2020），并明确规定在总体规划中要“研究中心城区空间增长边界，确定建设用地规模，划定建设用地范围；划定禁建区、限建区、适建区和已建区，并制定空间管制措施”。按照划定的侧重点和主导因素，目前我国城镇增长边界主要分为约束型的刚性增长边界、引导型的弹性增长边界以及刚性和弹性相结合的复合式增长边界。

2.2.1　约束型刚性增长边界

约束型刚性增长边界的出发点是生态环境保护，是城镇发展的基本生态安全控制线，主要起到保护生态本底的作用。刚性边界是城镇建设用地不可逾越的生态底线，具有永久性，不能随着城镇扩张而发生改变，其作用主要为限制城镇无序蔓延。龙瀛等（2006）以分析获取的限建要素作为城镇增长的阻力因素，利用规划支持系统（PSS）为限制建设要素构建空间数据库，规划限建区，制定北京扩展的边界；黎夏等（2007）利用元胞自动机（CA）和GIS空间数据库模拟与调控珠江三角洲城市形态演变过程；俞孔坚等（2008）提出“反规划”理论，以生态基础设施为依据，规划城镇未来的规模、格局与形态；周锐等（2014）从生态安全格局出发，以平顶山新区为例，通过景观过程分析得到高、中、低三种生态安全格局，将中水平和高水平的生态安全格局约束区域划定为刚性边界；刘阳等（2020）结合昆明高原山地生态环境特点，构建生态适宜性评价指标体系，利用AHP法计算得出不同指标的权重值，加权叠加进行土地生态适宜性评价，将评价结果的适宜建设和较适宜建设用地划定为昆明市中心城区刚性增长边界。刚性增长边界对生态适宜性评价和用地选择评价指标受到人为影响，结果较为主观。同时在划定边界时，没有考虑城镇发展的不确定性，划定的边界难以调整，局限性较大。

2.2.2 引导型弹性增长边界

引导型弹性增长边界的出发点是城镇建设用地增长，是在刚性增长边界划定之后，充分考虑区域内城乡发展、经济发展、交通引导等对发展潜力的影响而划定的确定建设用地开发潜力与开发时间顺序的边界。张岩（2007）等运用SLEUTH模型模拟和预测北京近十年城镇扩展，预测未来城镇的发展趋势；龙瀛等（2008）提出运用CC-CA模型制定中心城、新城和乡镇三层边界，充分考虑与传统边界制定方法的差异，并结合城镇社会经济、空间、规划等约束条件科学合理地划定城镇增长边界；王颖等（2017）基于苏州的生态建设、人口经济和基础设施，利用主成分分析法确定苏州城镇扩展潜力，结合聚类分析法确定城镇增长范围，利用网格分析法划定城镇弹性增长边界；赵轩等（2020）考虑资源环境对城镇扩张的作用，将“双评价”中的高程数据、坡度数据、距区域中心、城镇中心、高速公路距离等指标因子导入FLUS模型中，多种情景模拟2035年武汉市大都市区的土地利用空间布局情况和城镇扩张情况，将多情景模拟结果进行对比分析，最终划定武汉市大都市区城镇开发边界。弹性增长边界主要满足城镇扩张需求出发，缺乏对资源承载力以及生态环境安全约束的考虑。

2.2.3 复合型增长边界

复合型增长边界是在考虑城镇增长限制性因素的基础上融入对增长趋势的预测，能够同时体现城镇远景规划和城镇发展阶段性特征的刚性与弹性有机结合的增长边界。复合式增长边界既考虑到了城镇扩张，也考虑到了生态安全，划定的边界更为客观科学。祝仲文等（2009）采用土地生态适宜性评价的方法，结合层次分析法确定评价因子的权重，运用GIS技术分析防城港市土地生态适宜程度，进一步划定中心城区建设用地的刚性增长边界和弹性增长边界；李咏华（2011）通过优化和改善约束性CA的制约因素与转换规则将传统的防御性生态保护变为控制性生态保护，构建生态视角下的CA-GIA空间模型，引导城镇区域发展和生态格局保护；吴欣昕等（2018）针对未来用地模拟模型以珠江三角洲为例，利用FLUS模型根据多种情景对城镇发展的范围进行建模和预测，确定耕地等开发城镇增长边界，利用腐蚀性规则修改边界。

我国对城镇开发边界的研究逐渐向成熟阶段发展，结合具体的城镇发展情况，基于新型城镇化、“三区三线”协同划定、国土空间优化、可持续化发展等背景，我国城镇开发边界的划定既要重视生态保护，也要考虑城镇发展需求。结合不同地区的相关政策、土地利用状况以及城镇地貌特征进行研究探讨。在技术方法上结合多种方法耦合的模型，提高城镇扩张模拟的精度。采用刚性与弹性相结合的划定方式，确定城镇未来增长方向，实现城镇可持续化发展和精明管理。

总体来看，我国学者普遍认为，在当前城镇快速增长的大背景下，既要划定永久不可开发的战略性保护区“刚性”底线，也需要应对难以预测的城镇周边发展的“弹性”动态边界。

第三章　国内外城镇增长边界实施的相关案例

3.1　国外案例

1. 2030年墨尔本城镇增长边界研究

2002年维多利亚州政府编制的《墨尔本2030》中借鉴美国经验，结合交通走廊和区域就业中心分布，划定了较大面积的增长区，鼓励城市增长沿交通走廊和区域就业中心增长。城镇增长边界的划定给边缘区土地利用施以法律约束，对城市建设用地与非建设用地进行了区分，体现了墨尔本在确保安置新增人口的同时保护大都市边缘生态敏感区、农田生产区和开敞空间的意愿。

既定的城镇增长边界鼓励城市建设用地沿轨道交通、公共交通、铁路、公路等交通廊道由区域中心向外扩展。这样一方面可以引导住房和其他城市建设活动沿交通线路集聚，另一方面也可能导致城镇增长边界外的建设用地扩展。为保障城镇增长边界的实施，突出土地利用与交通的复合，包括交通导向开发、通过公共串联重要活动空间等。在空间形态上，城镇增长边界分布在增长走廊的周边，公共活动中心集中分布在都市区范围内，并与公共交通网络复合发展。

2. 2040年波特兰城镇增长边界研究

波特兰城镇增长边界划定后得到了严格实施。自1975年以来，该市以2%的新增用地容纳了50%的新增人口，成功地将以住宅开发为主的城市建设限制在边界以内，鼓励城市内涵式发展。

经典案例是俄勒冈州城镇增长边界实践。美国各州政府在应对城市蔓延时使用了不同的增长管理政策和政策工具，如科罗拉多州的绿带政策、俄勒冈州的城镇增长边界（UGB）政策和明尼苏达州的城市服务区政策等。与其他增长管理政策不同，俄勒冈州的城镇增长边界政策是以各级政府共同管理城市的发展为特征的。俄勒冈州36个县和几乎所有的市都有被州政府批准的、通过城镇增长边界保护农业和林业用地的规划，该规划限制了潜在的城乡蔓延并保护了自然资源和绿色空间。

（1）俄勒冈州城镇增长边界政策的提出

1973年，俄勒冈州立法机构通过了参议院100号法案——《俄勒冈土地利用法》，要求地方政府设立城镇增长边界，自此俄勒冈州针对土地利用规划一直保持强大的全州计划。到了20世纪80年代中期，在该州的每个社区都有一个长远规划和被州政府批准并采纳的城镇增长边界。俄勒冈州土地保护与开发部（DLCD）通过制定《全州规划目标和导则》（以下简称《导则》）引导全州的土地使用活动，《导则》共有19个目标。其中目标14中的“城市化”提出，为了给城市发展提供土地，为了将城市用地和可城市化用地从农村土地中鉴定和区分出来，城市、县和地方政府应该建立和维护城镇增长边界。根据这一目标，俄勒冈州土地利用规划的重要工作就是建立和定期更新围绕在该州城市与区域周边的城镇增长边界（表3-1）。

表3-1　俄勒冈州城镇增长边界政策

名称	内容
UGB 程序	市、县和区域政府应为城市发展需要提供土地；确定并将可城市化用地从农村土地中分离出来；通过市县之间的合作建立和改变城镇增长边界
UGB 扩张	地方政府可以证明由于土地短缺需要进行扩张，该扩张不应对农业和林业用地产生负面影响
UGB 容量	地方政府应完成一个 20 年的土地需求容量分析

（2）俄勒冈州城镇增长边界政策实践

1）城镇增长边界与增长管理

俄勒冈州城镇增长边界是增长管理政策的重要组成部分，该政策是依托土地利用规划实施管理的。俄勒冈州城镇增长边界政策的制定分为3个层级，州政府通过制定政策来指导大都市区、县和市综合规划的编制，区域性政府根据不同的州目标制定区域城市增长边界和土地供给原则，地方政府根据规划目标划定具体边界（表3-2）。三级管理体系的建立和作用的发挥是依靠土地保护与开发委员会（LCDC）及其下属机构土地保护与开发部负责管理的定期审查和更新制度，该制度通过审查地方政府的城镇增长边界政策，以保障土地利用计划持续为社区的增长和发展提供动力，并确保该计划与俄勒冈州修正法（ORS）、俄勒冈州行政法规（OAR），州立法机构的程序以及全州规划目标保持一致。

表3-2　城镇增长边界政策体系

管辖范围	职能	内容
州政府	全州城镇增长边界政策制定和管理	城镇增长边界政策相关法律法规的制定；审批地方政府城镇增长边界的划定与修改；对城镇增长边界政策进行定期审查；协调区域问题
区域和县政府	协调区域决策与州目标	制定城镇增长边界扩张的方针；确定纳入城镇增长边界土地的优先顺序
市政府	制定地方标准	根据地方住宅、经济和土地发展的需求，分析城镇增长边界的扩展方向和数量

2）城镇增长边界与土地保护政策

俄勒冈州土地保护政策与城镇增长边界政策主要是针对农业用地和城市建设用地的一系列协调政策。俄勒冈州土地使用政策的目的主要是防止指定的农场或森林土地被挪作他用，以维护州的农业和林业经济体系。自实行农用地保护政策以来，俄勒冈州农业经济和农用地保持着健康状态，农用地减少的速度与以前相比大幅降低，同时也低于美国其他地区。农业和森林土地使用分区是俄勒冈州土地保护政策的基础。农田和森林分区有助于促使最具发展的项目纳入城镇增长边界，以此复兴了俄勒冈州的很多城市。

3）城镇增长边界与地方规划

根据《俄勒冈土地利用法》，州层面的城镇增长边界政策的制定是通过《导则》设置的规划框架完成的，对于框架的大部分而言并没有与之相对应的州级规划，市和县的综合土地利用规划贯彻落实《导则》，因此全州规划的核心是地方综合规划（表3-3）。

表3-3 不同阶段城市增长边界的制定

名称	管理机构	层级	内容
州规划目标和导则	土地保护与开发部	州	城镇增长边界的定义、设定和调整的基本原则
区域规划框架	波特兰大都市区	区域政府	制定城镇增长边界划定目的、扩张和修订等规定
综合规划	地方政府	市、县政府	研究和预测城市人口增长，经济发展和土地需求，划定城镇增长边界

4）城镇增长边界与法规政策

不断修订的俄勒冈州法典对城镇增长边界的定义、建立以及土地供给等问题做出了法律上的规定和说明，俄勒冈州行政法规第660章第24节对建立城镇增长边界的目的、适用范围和修订等进行了详细的规定。按照俄勒冈州法规，地方政府可以在他们的权限范围内，根据城镇增长边界来制定税收鼓励和税收限制、收费和减免费率、区划等政策，以引导边界内的城市开发活动。

5）城镇增长边界与公众参与

俄勒冈州城镇增长边界的建立、实施与管理等不同阶段的公众参与可以分为两个层面。在州层面，州法典规定建立公民参与咨询委员会（CIAC），该委员会就与公众参与有关的事项向土地保护与开发部和地方政府提出建议。2012年土地保护和发展委员会在审查波特兰大都市区的城镇增长边界调整时，对其是否符合公众参与的目标进行了相应的审查。

在地方层面，地方政府成立的公民参与委员会（CICI）就城市开发和实施管理提出建议，促进公众和城市之间协商过程的程序。城镇增长边界的具体划定和调整是综合规划编制的重要内容，编制综合规划时首先要明确如何落实《导则》中关于公众参与的目标，制订公众参与计划，并应用公众参与的程序（CIP）为规划过程中的所有阶段包括城镇增长边界调整的公众参与提供帮助。

（3）城镇增长边界政策的实施效果

1）控制城市蔓延和优化城市内部结构

俄勒冈州土地利用系统建立的两个主要原因是渴望保护农场和林场的生产经营和限制无效地蔓延。Nelson分析1982—1992年美国人口和农业普查数据，俄勒冈州每新增一个居民会失去0.33英亩（1335m^2）土地，佐治亚州则会失去2.1英亩（84984m^2）土地。根据波特兰大都市区的《2014年城市发展报告》，波特兰地区的城镇增长边界在1979年设定，1979年至2014年城镇增长边界内的人口增长了61%，同期城镇增长边界面积只扩张了14%。

2）集约利用土地

城镇增长边界政策对于土地集约利用体现在两个方面，一方面是该政策直接影响土地的供给，评估了地方土地利用法规（包含城镇增长边界政策）对俄勒冈州等美国西部5个州土地开发的影响，得出1982年至1997年地方土地利用法规使新开发的用地供应总量减少了10%。另一方面该政策促进了城市增长边界内用地集约化使用。在波特兰大都市区，从1998年到2012年，94%的新住宅单位是建立在 1979年最初设定的城镇增长边界内的。

3）保护农田和森林

俄勒冈州政府要求地方政府必须专注城镇增长边界内的新发展，并规划城镇增长边界以外的土地，通过将这些土地作为专门农用、森林使用或例外地区使用，以限制城镇增长边界以外的土地开发。俄勒冈州土地保护和开发部发布的年度业绩报告中针对城镇增长边界的扩张、农业用地和林业用地的使用情况进行评估，新增划入城镇增长边界的土地被纳入评估指标，其标准是每年被添加到城镇增长边界的土地至少有55%不属于目前的资源用地，而不是目前分区划定的农场或森林用地。

3. 南非开普敦的城镇增长边界

开普敦位于南非西南端，是南非第二大城市，面积2500 km^2，人口350万（2007年数据）。1996年，开普敦制定的都市圈发展规划（MSDF）提出了城镇增长边界（Urban Edge）概念，目的是限制城市过度膨胀，保护自然资源。

开普敦2010年划定的城镇增长边界，借鉴了美国经验，并结合发展中国家实际进行了一些探索和创新。其基本思路和主要做法是，首先评估城市土地储备总量（供给分析），然后根据城市增长预测未来一段时期城市用地需求（需求分析），最后划定城镇增长边界。

2007年该市开展了未开发土地（Undeveloped Land）和欠开发土地（Under-developed Land）的调查，通过定期检查航空影像更新数据，并利用 GIS 捕获土地信息，共识别到61780处、47583hm^{2}未开发土地。其他的一些信息，比如土地估价记录、财产分区等，则用来配合标记属性或者验证等工作。但是，这些信息不足以确定可开发的土地储备，因为其中大量的土地是用于非城市建设的，比如农业生产、生态涵养或国防建设。因此在信息收集后，该市对其进行了进一步的评估。优先对一些面积较大（1hm^{2}以上）、位置特殊的地块进行评估，共核定22153个地块：优先对住宅用地和工业地块进行了评估，共核定12260处、718hm^{2}住宅用地和491处、163hm^{2}工业用地。

最后，将收集到的数据通过建立计算机自动化模型进行处理。该模型使用的算法优先考虑更为可靠的信息来源，如果信息是不完整的，允许各种参数进行校准设置：估算土地需求比例，预留道路、基础设施和开放空间：使用不同程度的假设和模型参数多次运算，以检验模型的灵敏度和不同的发展情况。在

2008年、2009年两年左右的时间里，该模型进行了持续的更新和完善，取得了令人满意的结果。

近年来，开普敦对城镇增长边界进行了不断的调整和修订，并将范围扩展到沿海区域。开普敦根据城市自身条件和实际情况，采用了定量的、多层次的研究方法对城市土地储备总量、未来用地需求进行了科学严谨的评估、计算和预测，并与城市的其他规划项目进行一体化编制，为发展中国家城镇增长边界的划定和实施提供了有益的经验。

4. 英国伦敦绿带

伦敦是世界上最早采用绿带控制城市蔓延、保护生态环境的城市之一。1935年大伦敦区域规划委员会正式提出了在城市周边建设绿带的构想，即在伦敦郊外“建立一个为公众游憩提供保护支持的带状开敞地带”。1938年英国议会通过了《伦敦绿带法案》，允许政府通过购买城市边缘地区农用地的方式来保护农村地区、控制城市膨胀。1944年艾伯克隆比主持制定大伦敦规划，在距伦敦市中心48km的半径范围内建设四个同心圈层，其中第三个圈层为绿带圈，由农田草场林地等组成，用于阻止城市过度蔓延。1947年英国颁布实施《城乡规划法》，将土地开发权“国有化”，规定开发活动必须在获得政府规划许可后才能进行，为绿带的规划和实施提供了强有力的制度支持与法律保证。

第二次世界大战以后，随着经济的繁荣和人口的增长，大伦敦地区面对巨大的发展需求和开发压力，绿带政策的实施也遇到了一些争议。有人认为绿带的存在增加了交通距离和通勤成本，影响了土地供应，造成了城市住房的紧张；也有人认为绿带中的一些地方基础设施落后、环境质量欠佳，无法满足当地居民的发展诉求等。但是英国法律规定土地所有权私有、开发权国有；地方政府财税收入与土地开发没有直接联系；公众对绿带、郊野公园的需求不断增加，所以政府能够始终将其作为重要的公共利益，在绿带保护问题上立场坚定、态度积极，不触碰削减绿带的“高压线”，这也是伦敦绿带政策能够长期坚持的重要原因。20世纪40年代伦敦绿带总面积约为2000 km^2，20世纪80年代初达到4300 km²，2003年更是达到5129 km²，最大宽度达30 km。伦敦绿带在限制城市扩张、保护生态环境和提升居民生活质量等方面成效显著，为众多城市所效仿。

5. 韩国首尔绿带

20世纪60年代初，韩国开始实施第一个五年经济发展计划，劳动密集型产业迅猛发展，大量农村人口涌入城市。1970年韩国的城镇化率达到50%，首尔人口从1960年的不足300万增长到500万。快速的人口膨胀，致使基础设施、居民住房等需求旺盛，城市开发建设全面失控，进而引发城市无序蔓延。为应对这一局面，韩国政府于1971年制定出台《全国总体空间规划（1972—1981）》，并借鉴英国伦敦城市规划经验，在14个大中城市规划建设绿带。20世纪80年代初，韩国城市绿带总面积达到5297 km²，占全国土地面积的5%。其中首尔绿带规模最大，面积达到1567km²，约占首尔都市区总面积的13.3%，绿带距市中心约15 km，平均宽度达10 km，涉及首尔、仁川以及京畿道等地。由于首尔与仁川已基本连片发展，绿带在西侧出现间隔，呈不完整环状。绿带内的建设项目被严格限制，未经政府规划许可，不得擅自改变土地用途或从事开发建设活动。

1988年首尔人口突破1000万，人口的爆炸式增长引发了住房危机，住房短缺率高达40%。为了疏解增长压力，解决住房紧缺问题，政府于1989年开始进行新城开发。但事与愿违，新城建设导致了蛙跳式的城市蔓延，既延长了通勤距离，也加剧了能源浪费和空气污染程度；造成绿带内外土地价格的较大差距，引发了社会不公平现象：同时也侵占了农田及开敞空间。1998年政府有关部门牵头组织成立了绿带体系改进委员会，着手研究绿带政策的调整和改革问题。

2000年《绿带地区法》开始实施，生活在绿带内的居民获得了因开发受限而得到补偿的权利。同时，将绿带纳入都市区，总体规划统一管理，部分可开发用地得到释放。截至2006年从绿带中释放的土地达到136km²，约占绿带总面积的9%。

6. 日本城市规划区划分

日本政府于1968年颁布了《城市规划法》，作为城市规划方面的基本法律，其所引入的最重要的机制就是城市规划区的划分。

城市规划区包括城市建成区以及周边的农业和森林区域，其范围往往是城市建成区的4~5倍。划分城市规划区的原则是“为谋求防止无秩序的市区化和有计划的市区化”，依据是未来10年的城市化趋势和人口分布预测，划分的内容为“市区化区域”和“市区化控制区域”，即把城市区域划分为城市化推进区和基本人口超过10万的城市化控制区。城市化推进区是城市化快速发展的区域，城市化控制区是城市发展的“红线区”。

地域划分与城市规划区的交通网络规划、公共设施规划和土地调整计划相结合，目的是防止城市无序蔓延、控制城市形态和土地配置、提高公共设施的投资效益、确保城市的协调发展，从而有效地强化了节约集约用地。一旦实行界线划定，相关的各种规划、规则、项目，将在全市区范围内受到控制，属于市区化控制区域内的，原则上不能作为区域用途，一般不允许进行与农业无关的开发活动，基础设施和公共设施的政府投资也不会集中在这类地区，防止城市蔓延；属于市区化区域的包括现状的建成区、未来10年内将要优先发展的地区，基础设施和公共设施的政府投资将会集中在这类地区，区内农田可以转变为城市用地，开发活动受到土地使用区划的管制，实行有计划的市区化。

7. 美国肯塔基州莱克星顿市“城市服务边界”

1950年，美国肯塔基州莱克星顿市提出“城市服务边界”，由地方政府划定供应城市基础设施和公共服务的区域范围，并明确表示不支持在城市服务边界的范围之外进行城市开发建设。

8. 美国科罗拉多州博尔德市“服务区”

美国科罗拉多州博尔德市给城区建立了服务区，由此圈定了城市扩展的边界，该边界是20世纪70年代划定，1978年修改过一次。服务区的措施给这座城市带来了很多显著的好处。建立了明显的城乡界限，并通过其限制城市分散地向周围农村扩展。

9. 荷兰兰斯塔德“绿心”

荷兰兰斯塔德地区的城市围绕“绿心”呈环状分散布局，从而形成了这一区域多中心分散化的城市网络和工业区、农业区、都市区、生态区合理布局的功能区网络。荷兰兰斯塔德地区是功能区联动发展模式成功的典型代表，其中心是被称为“绿心”的生态功能区，“绿心”周围是农牧业、园艺业、防护林等绿色缓冲带，其他功能区（如工业区、都市区等）围绕“绿心”呈错落有致的环状布局，从而形成了这一区域独特的空间产业布局。

兰斯塔德地区的功能区联动发展是一种新型的区际产业互动模式，即从整体空间出发，在考虑不同区域空间特性的基础上，根据各区域的资源环境承载能力、现有开发强度和未来发展潜力，划分出有自己的主体功能定位和优先产业发展方向的不同功能区域，实现工业区、农业区、都市区和生态区在空间上的合理布局，从而促进整体区域产业与人口、生态、资源相互协调，最终形成具有竞争力的产业空间优势。

1989年编制并在1991年修订的第四个国土空间规划首次提出了“可持续发展”理念，把生态环境放在更加重要的地位，提出要建设“紧凑城市”，节约的土地用于建设城际间的开放空间或绿色缓冲区，打造一个比“绿心”更开阔的以农业区为中心的环形都市圈。

2000年的第五个国土空间规划《荷兰第五次国家空间规划政策文件概要（2000—2020）》以“创造空间、共享空间”为主题，采用层次分析法，将兰斯塔德空间功能区细化为基础层、网络层和应用层三个层次，对兰斯塔德地区的产业、生态和基础设施建设进行合理的空间规划，确定了不同区域的功能定位和产业发展方向。

3.2 国内案例

国内部分城镇已经在规划中开始研究增长边界或具有相似作用的空间发展界线，典型代表如北京的限建区规划和深圳的基本生态控制线规划等。

1. 北京绿化隔离带和限建区规划（2006—2020年）

早在1958年，北京市就提出在以旧城为核心的中心城区和10个组团之间建设绿带。2000年北京市再次启动绿带建设工作，先后出台了加快绿化隔离地区、第二道绿化隔离地区绿化建设的意见，并编制了相应的规划，建设由绿环和绿色限建区构成的绿地系统，总面积1650km^2。2007年又实施了郊野公园环建设计划，对绿化隔离带进行了自然化、公园化改造。应该说，绿化隔离带规划的实施，改善了城镇生态环境，为市民休闲游憩提供了场所，但没有实现对城镇快速蔓延的有效控制。

北京市在2006年完成了《北京市限建区规划（2006—2020年）》，从保护自然资源、避让风险灾害的角度出发，将限建区定义为对城镇及村庄建设用地、建设项目有限制性的地区，详细划分为资源与风险避让两方面，“水、绿、文、地、环”5组共计56个限建要素。根据不同要素对建设项目的限制程度，规划给出了建设分区方案，并用于指导城镇总体规划中的建设用地选择和空间布局。在后续研究中，龙瀛等教授将北京限建区规划案例类比美国城镇增长边界。

2. 深圳基本生态控制线规划

深圳自2005年以来制定了基本生态控制线，以防止城镇建设无序蔓延危及城镇生态系统安全。该边界相当于城镇刚性增长边界。同时，深圳市政府还制定了管理办法，给边缘区城镇建设施以法律约束。

深圳市率先在全国出台了《深圳市基本生态控制线管理规定（2005）》，划定了基本生态控制线，控制面积达到974km^2，约占全市总面积的50%。2013年根据新制定的《深圳市基本生态控制线优化调整方案》，将线内14.8km^{2}的项目建设用地与线外15.2km²的生态质量较好的山体林地和公园绿地进行了对调。同时下发了进一步规范基本生态控制线管理的《深圳市基本生态控制线管理规定》的实施意见，推进精细化管理，严格控制线内建设活动。应该说，深圳市基本生态控制线实施10年来，从最初的“一刀切”到精细划定、从编制规划转变为制定政策，初步实现了保障城镇生态安全、推动经济社会可持续发展的目标要求。

3. 武汉基本生态控制线

武汉市借鉴深圳市经验，编制了《武汉市都市发展区1∶2000基本生态控制线规划》（2013），对都市发展区内山体、水体等12类生态要素资源进行了详细踏勘与范围校核，确定了用地生态适宜性分析的1项因子及权重，运用GIS叠加技术划定了基本生态控制线范围，规划控制面积1814km²，占都市区总面积的55.6%。配套出台了相关的实施细则，严控线内新增项目用地，并对线内既有项目进行逐步清理。同时，都市发展区内预留了城镇建设用地，规划布局了工业用地，为城镇发展留足了空间。

4. 厦门城镇开发边界

厦门市是国家确定的28个开展“多规合一”工作试点市县之一，也是14个开展城镇开发边界划定工作试点城市之一。厦门市积极探索，大胆实践，统筹协调发改、国土、规划、环保、农业、林业、水利等多部门规划，建立了同一空间基准的规划管理信息系统，实现“多规合一”，划定了城镇开发边界。

以《美丽厦门战略规划》（2014）为引领，以生态优先为导向，先行划定海湾保护界线、山海通廊界线、城市公园和开敞空间界线，再将各个部门规划的生态保护线进行叠加，得到“多规合一”的生态控制线，线内范围981km²。按照“一岛一带双核多中心”的空间发展战略要求，将城乡规划、土地利用规划基础数据以及重点项目用地数据统一到GIS平台，进行叠加分析后得出建设用地、非建设用地不一致的图斑，与生态控制线规划范围进行比对，确定建设用地的调入/调出方案，消除相关规划之间的矛盾，实现管控分区的无缝对接，划定城镇开发边界，线内范围640km^2。

为确保城镇开发边界的顺利实施，厦门市拟出台地方性法规《厦门经济特区多规合一管理若干规定（草案）》，该规定明确提出，严控640km^{2}城镇开发边界规模和范围，城镇开发建设不得突破。

5. 香港2030年规划远景与策略

2007年，香港在《香港2030：规划远景与策略》中明确提出划定“发展禁区”，以保护拥有珍贵天然财产或具有景观价值的地区，同时提出在开发“新发展区”时，必须慎重考虑对文化遗产及生态环境的保育和保护问题。

6. 石家庄中心城市绿色隔离空间专项规划

《石家庄市城市总体规划》（1997—2010年）、《绿色隔离空间规划》等相关规划都对城镇增长边界管理做出了有益尝试。

1）环境生态优先的环境保护策略

综合考虑生态和规划管控要求，将绿色隔离空间地区划分为禁建区、限建区和适建区。建设控制方面，禁建区以生态保护为主，严格控制新增城镇建设用地及其他各类建设活动，在必要的情况下，仅允许特定用地进入。限建区以绿色空间为主，允许布置村庄、重大基础设施和少量旅游服务设施。适建区按照城市建设用地管理规定进行管理，科学合理地确定开发规模、模式和强度。

2）集中集聚集约的城乡发展战略

在城乡布局之中重点打造村庄规划，首先进行村庄评级筛选。将村庄分为生态影响较大、与城镇联系密切、交通区位优良、综合条件较差四种村庄类型。根据现状村庄评价与相关规划，将村庄分成三类——拆迁安置类、重点发展型、保留整治型进行空间发展引导。

3）“调一、优二、兴三”的产业发展战略

调整第一产业，优化第二产业，大力发展第三产业，通过城镇产业的更新升级，优化土地利用结构，便于城镇增长边界的划定。

4）分级分类分区的规划调控战略

分级管控：兼顾核心生态资源保护与城镇建设空间有序增长的有效策略。分类保护：按照非建设用地现状生态环境状况开展分类保护，控制要素主要包括森林、公园、农业用地、绿地、水面、公共娱乐场所，按照非建设用地的从属进行分类引导。分区指导：对不同类别生态空间，制定相应的城镇建设和城镇活动的限制性要求。

7. 上海城市开发边界探索

上海以2008年“规土合一”机构改革为基础，已率先开展城镇开发边界的相关探索。2008年10月，上海市规划和国土资源管理局组建完成。经过近三年的努力，上海完成了市、区县、镇乡三级土地利用规划总图与城市总体规划实施方案图的衔接，并展开在“同一张图”下的城市规划管理与土地利用管理的新机制、新手段的探索。

集建区以上海全市域城乡建设用地为管制对象，通过“自下而上”的区县“两规合一”方案编制试点与“自上而下”全市规模指标统筹平衡，结合全市土地利用空间发展战略方案的规划引领，确定集建区规划建设用地规模与边界范围，并纳入规划管理体系中。

全市“两规合一”规划提出建立“中心城—中心城周边地区—新城—新市镇—集镇社区—其他功能区”的空间体系，该体系实际上就是基于行政等级的城镇体系，各区县、街镇集建区规模指标的分级分配都是以此为基础。

2013年，上海提出实施“低效建设用地减量化”以落实“两规合一”划定集建区承诺的建设用地减量化工作。为了加强集建区以外用地的管理，同时为落实集建区外的建设用地减量化，上海于2013年开始试点实施郊野单元规划，上海市规划和国土资源管理局创造性地提出了类集建区的概念。类集建区作为鼓励郊野单元规划编制、实施的主要抓手，其奖励机制可概括为“拆三还一”与“拆一还一”。

上海“两规合一”划定集中建设区控制线进行全市域城乡建设用地空间管

制，集中建设区本质上是具有一定弹性的空间边界。

8. 上海市外环绿带规划

上海市外环绿带是上海市城市总体规划（1999—2020）布局中的重要内容，是当时控制中心城区“摊大饼式”扩张和形成城市绿地系统的关键因素。在该轮城市总体规划中，上海市明确提出要形成以“环、楔、廊、园”为基础的中心城绿化系统，而外环绿带正是这个“环”形结构。在当时的总体规划中，外环绿带全长98km，规划面积为6204hm^2，用地涉及当时的七区一县。从结构上来看，外环绿带包括100m纯林带、400m绿带和大型节点公园三个部分。

9. 杭州城镇开发边界划定与实施

杭州市把划定城镇开发边界作为总体规划修改的重要内容，并作为城镇空间布局和基础设施布局的基础性依据。在划定的过程中，坚持于法有据、空间落实、多规融合、简便易行。

1）依法依规梳理空间管制要素，并逐一落实到空间上

杭州市一直十分重视自然和生态空间的保护，国土、环保、林业、水利、文物等部门依法提出了多项空间开发控制要求。杭州市组织相关部门，充分解读《基本农田保护条例》《风景名胜区条例》《国家级森林公园管理办法》等相关法律法规、技术规范、法定规划，梳理出18个空间管制的要素，并借助GIS技术把这些要素逐一落实到空间上。

2）按照谋取最大公约数的理念，整合各项控制要求

针对空间管制要素落地过程中出现的空间界限重叠和相互矛盾，按照较低的控制要求服从较高的控制要求的原则，通过部门协商加以统筹，并从整体和长远发展要求出发，结合基础设施布局、人口和经济活动的布局对界限予以优化，按照保护要求的差异，划定“限建区”和“禁建区”，形成满足各项空间开发管制要求的“空间一张图”。规划明确将“限建区”“禁建区”的边界确定为城镇开发边界。开发边界外的区域面积为2167km^2，占市区总面积的65%。

3）统筹空间管制要求，明确空间管控原则

开发边界内作为适建区，要坚持集约紧凑的要求，依据城镇规划进行集中成片的开发建设。开发边界外作为限建区和禁建区，主要为水源保护区、农田、湿地、生态公益林等生态开敞空间，以及村庄和零星的城镇建设用地，要坚持开敞疏朗的要求，制定相应的限制或禁止开发建设的政策和措施加以控制与引导。

第二部分　方法研究

第四章　城镇增长边界划定的技术路线

城镇增长边界的划定方法可以分为正向增长法、逆向排除法和综合法。综合法是正向增长和逆向排除法的结合，考虑城镇增长的限制性因素，并综合预测增长趋势。

正向增长法将城镇建设用地看作一个不断扩张的有机体，并利用模型来模拟城镇的增长过程，进而确定城镇增长边界。这种方法主要用于弹性增长边界的划定。通过分析建设用地的历史数据，提取增长速率、强度和方向等参数，结合人口和就业规模的预测，可以模拟未来的城镇用地形态（赵祖伦，2019）。

逆向排除法主要用于刚性增长边界的划定。它的核心思想是通过排除那些由于建设条件受限或生态环境敏感等原因不宜或不可建设的土地，来确定城镇建设用地可能范围的最大值。

综合法在考虑城镇增长的限制性因素的基础上，结合对增长趋势的预测来划定城镇增长边界。具体步骤可以包括以下几点：

首先，从城镇用地增长的限制要素出发，确定阻碍城镇增长的自然要素，并评估其对城镇增长控制条件的重要程度。这可以通过分析生态环境、土地资源、交通网络等因素来确定主导因子，从生态角度评价城镇增长的控制条件。其次，借助空间分析软件和相关数据，结合历史数据、交通规划、政策因素等，模拟城镇增长情况，并研究城镇用地的发展方向。最后，根据定量化的建设用地适宜性评价结果以及城镇规模预测、功能定位和空间结构设想，采用土地建设适宜性高的原则，确定城镇增长边界的范围。

此外，在国内外的城镇开发边界划定研究和实践中，情景模拟技术是一种广泛应用的方法。其中，基于元胞自动机（CA）模型的方法因其能够更真实地反映城镇演化过程而成为主流方法。当前的研究可大致分为以下三种思路：

（1）基于约束条件建立约束性CA模型，通过设置元胞自动机的转换概率来模拟城镇用地的空间布局，进而确定城镇增长边界。

（2）将不同约束条件作为模拟情景设定，通过CA模型模拟不同情景下的城镇用地发展，并比较不同情景下的城镇空间模拟结果和开发边界活动成果，通常涉及耕地保护、生态环境控制等限制性条件以及区位交通、社会经济等引导性条件。

（3）基于约束条件建立用地评价模型，通过CA模型模拟城镇空间布局，并最终综合用地评价和CA模拟结果来划定城镇开发边界。

城镇增长边界的划定涉及多种方法和技术。系统动力学模型、多情景模拟技术、GIS空间分析，特别是基于元胞自动机的技术方法，在城镇增长边界划定中得到广泛应用。这些方法和技术的选择应该根据具体的城市规划需求、数据可用性和研究目标来确定。

1. 系统动力学模型

系统动力学模型（SD）是自上而下的宏观城镇模型，研究反馈系统结构、功能和动态行为的模型，通过不同模块和变量之间的交流与回馈模拟复杂系统的行为，能够预测不同规划政策与发展条件下城镇用地规模的变化。SD模型具有“自顶向下”的特点，能够科学地预测出不同规划政策与发展条件下的未来城镇用地变化，相关研究表明SD模型能够从宏观上反映土地系统的复杂行为，是进行土地系统情景模拟的良好工具（何春阳，等，2005）。由于土地利用系统具有明显的动力学特征，它与经济系统、社会系统、生态系统交织影响，各系统的要素之间相互作用、相互制约并形成一定的反馈机制。因此，利用系统动力学模型研究土地利用变化在方法论上是一种很自然的选择。一些学者利用系统动力学在土地扩张和土地利用方面取得了有效进展（王其藩，1995；何春阳，等，2005）。

系统动力学模型是一种综合性的建模方法，旨在探究事物世界中的复杂动态过程并了解不同变量之间的相互作用。通过引入不同的系统变量和关系，系统动力学模型可以模拟和模仿不同变量之间的相互作用，以实现对某一系统行为或决策的最佳方法或结果的分析和解决。系统动力学模型通常使用图形和数学公式等工具，以分析和表示模型中的变量与关系，并对系统的未来发展进行预测和仿真。系统动力学模型被广泛应用于系统管理、决策分析、战略规划、公共政策制定等领域中。

系统动力学模型是城市规划中重要的分析工具，能够使城市规划师更好地理解城镇发展的复杂环境和动态变化，为城镇规划和管理提供决策支持。在城市规划中，系统动力学模型可以应用于城市生态系统分析、城市交通管理、土地利用规划、城市供水和排水管理、城市公共设施规划、城市人口和居住类型规划等多个领域。

通过建立城镇增长和土地利用的系统动力学模型，可以从不同层面和角度掌握城镇发展历程，并对城镇发展趋势和未来进展进行预测，从而为制定城镇规划和发展策略提供支持。城镇土地利用规划和评估可以使用系统动力学模型，以更好地理解土地利用的不同变化和影响因素，从而为土地利用计划和管理提供建议及指导。城镇人口管理和资源分配也可以使用系统动力学模型，以预测未来的人口增长趋势，分析城镇设施的适应性和资源分配的合理性。

城镇增长边界的划定是城市规划和管理的基础问题之一，也是城镇可持续发展的关键因素之一。城镇增长边界的划定需要考虑到城市的历史、文化、经济和社会发展情况等多方面因素。因此，需要集成不同的技术方法，才能制定出全面、精确的城镇增长边界划定方案。

一般来说，城镇增长边界划定涉及多种因素和变量，例如城镇人口增长、土地开发和利用、经济发展、交通运输等。这些因素和变量之间的相互作用及反馈关系非常复杂，难以用传统的方法进行建模和模拟。系统动力学模型则可以用于建立城镇增长边界划定的综合模型，分析各种因素之间的关系和影响，探究城镇增长边界的形成、扩展和变化过程，预测未来的发展趋势，并制定相关政策措施。

建立系统动力学模型，包括收集和整理数据、确定变量和参数、建立方程和模型结构等。其中，确定变量和参数时需要考虑到城镇增长的规模、速度、方向、土地利用类型等因素，建立方程和模型结构时需要考虑到各种因素之间的相互作用和反馈关系，包括正反馈和负反馈。系统动力学模型可以作为一种有力工具，用于探究城镇增长边界划定过程中的规律和机制，深入分析城市发展的根本问题，为城市规划和管理提供重要依据。从系统动力学模型的角度看，城镇增长边界的划定需要考虑以下几个方面：

（1）数据收集和处理。城镇增长边界的划定需要大量的城镇地理信息数据和空间数据，如居民点分布、道路交通、用地分布等。这些数据需要首先在系统动力学模型中进行收集和处理，以便更好地分析城镇空间结构和土地利用状况。

（2）空间分析和标准制定。在系统动力学模型中，通过对城镇增长边界所在区域进行空间分析，可以深入了解城镇空间结构的变化趋势和空间冲突的情况，从而确定城镇增长边界的划定标准和范围。

（3）模型构建和模拟。通过利用系统动力学模型，可以建立城镇增长边界的划定模型，并对不同方案进行模拟和预测，以评估不同方案的可行性和效果，选择最优的城镇增长边界划定方案。

（4）政策制定和实施。通过系统动力学模型的分析和模拟，可以得出城镇增长边界的最优方案，再根据实际情况和政策要求制定相应的政策及实施方案，以确保城镇增长边界划定的顺利实施和可持续发展。

通过系统动力学模型的分析和应用，可以帮助城市规划和城市管理部门更加科学地制定城镇增长边界划定方案，以保障城镇的可持续发展和提高城镇的质量。

系统动力学运用到城镇增长边界划定过程中的技术方法包括动态模拟、空间分析、灰色预测和网络分析。

（1）动态模拟：通过建立综合的系统动力学模型，模拟城镇增长的动态过程，预测城镇增长的趋势和模式。模型涉及的变量和参数包括城镇人口增长、土地利用变化、交通运输、经济发展等，通过对其相互作用和反馈关系的分析，可以得出针对城镇增长形式和范围的规划建议。

（2）空间分析：将系统动力学模型与空间数据集成，对城镇增长的空间分布规律进行分析。例如，基于城镇人口、土地利用和交通网络等数据，可以构建城镇增长的空间模型，进一步研究城镇扩张的方向、速度和规模。

（3）灰色预测：应用灰色模型对城镇增长的趋势进行预测。该方法可以在数据缺乏、不确定性较大的情况下，对城镇增长的未来发展趋势进行预测，从而为城市规划和管理提供决策支持。

（4）网络分析：利用社会网络和复杂网络理论分析城镇增长的内在机制与规律，揭示城镇空间扩张的影响因素和动力源。通过分析城镇内部和外部的网络关系，以及城镇之间的联系，可以对城镇发展趋势进行深入的理解和研究。

总之，应用系统动力学模型进行城镇增长边界划定研究时，需要采用科学合理的技术方法，将空间数据和动态模拟相结合，综合考虑各项指标因素，从而制定更加有效的城市规划和管理策略。

2. 多情景模拟技术

情景模拟是基于城镇自身发展规律和不同情景下各类约束条件的变化，对城镇空间增长进行的模拟和预测，反映的是城镇在历史规律和特定规则作用下空间演化的内在机制。模拟过程需要收集多时期用地数据，设定约束条件和模型数据，通过机器学习算法训练模型，将模拟结果与历史用地数据进行精度检验，不断优化模型参数并在不同情景下对未来城镇用地进行模拟预测。

多情景模拟技术（Multi-scenario Simulation）是一种模拟分析方法，以构建多种情景模型为基础，通过模拟多种不同的因素和变化趋势，对未来可能出现的情景做出预测，并对各种情景进行评估和比较，以便更好地制定决策和规划。其模拟技术通常是基于系统动力学、代理人建模、人工智能等技术实现的。通过建立适宜的模拟模型和算法，可以进行各种预测，如城市规划、资产配置、气候变化预测等。

多情景模拟技术通常包括以下几个步骤：收集和分析数据，确定仿真模型的变量和参数；制定不同情景的假设和方案，以反映不同的未来发展趋势；运用算法和模型对各个情景进行预测和仿真，获得不同情景下的结论；对各种情景进行评估和比较，并给出相关建议和决策支持，为不同利益方提供合理的参考和规划方案。多情景模拟技术是一种以预测多种未来情景为基础的分析方法，可在不确定的环境中提供准确的预测结果，并为决策者提供科学决策支持。

情景模拟模型的常用算法包括逻辑回归（LR）模型和人工神经网络（ANN）等。逻辑回归模型能够建立离散的因变量与自变量之间的关系，其中因变量是土地利用类型，自变量是各类约束条件和邻域开发强度。人工神经网络通过模仿人类大脑神经元进行运算和模拟，无须人为设定模型结构、转换规则及参数，而是利用神经网络代替转换规则，通过对神经网络的训练自动获取模型参数（楼文高，2002）。

多情景模拟技术在城市规划中应用非常广泛。多情景模拟技术可以针对不同的发展情景，通过对各种因素的变化进行模拟，为城市规划提供更为科学的决策依据（王睿，周均清，2007）。模拟得出的结果是基于实际数据的，更具有说服力，有利于不同利益方之间的协商和决策。多情景模拟技术要求规划师具备较高的数理分析能力和系统思维能力，能够建立适宜的分析模型和评估指标，理解各种因素之间的相互作用和对城镇发展的影响，提高规划师在城市规划和管理中的专业能力与综合素质。通过多情景模拟技术，规划师可以预测城镇未来的状态，并分析各种因素之间的关系，更好地把握城市规划的决策实施方案，增强规划的可操作性。多情景模拟技术利用计算机模拟的方法，将城市规划模拟为具有系统性和动态性的模型，推动城市规划的科技化进程，实现规划决策的科学性和精细化（赫磊，宋彦，戴慎志，2012）。如今，多情景模拟技术已成为城市规划师的重要工具之一，其应用可以提高规划决策的准确性和有效性，更好地满足市民和城镇发展的需求与期望。

3. GIS空间分析法

地理信息系统（Geographic Information System，GIS）作为保存、分析研究和管理地理空间数据与信息的高效技术工具，近年来已被广泛应用于城市规划和地理空间等有关领域的科学研究。在城镇空间增长模拟预测领域，国外最早在20世纪60年代，首先结合地区宗教、市场等客观环境提出了理想化的静态预测模型，然后又结合城市空间机制、外部空间拓展研究对静态模型进行了优化，模型更趋于理性化（易正晖，等，2007）。在此基础上进行了动态模型的探索，进入新城镇化发展阶段，在新城镇化的基础上融入生态足迹理论，使动态模型进入成熟阶段，构建了现在广泛使用的经典CA模型，并在CA模型的基础上进行了非栅格的CA模型、社会经济CA模型、概率统计CA模型、ANN-CA模型、SLEUTH模型的衍生。国内城镇空间研究方向主要以真实案例分析为主，集中在发达城市，在空间结构的定量化、模拟等方面进步较为明显，但在动态模型与应用、数理统计技术发展等方面较为欠缺，因此加强动态模型数理技术应用是现阶段较为重要的发展方向。为实现城镇空间增长模拟预测，将GIS空间分析技术构造空间分析模型，对城镇的扩展速度、强度、方向和形态进行分析研究，建立模型，预测空间形态演化趋势，优化城镇用地布局。

在城镇增长边界的划定中，地理信息系统（GIS）空间分析方法发挥了重要作用。GIS是一种集成软件系统，利用空间数据来捕捉、储存、分析和传播地理信息。GIS空间分析在确定UGB中的应用主要包括层次分析、空间回归分析、土地利用变化分析、网络分析、自动化与可视化方案和场景模拟（Sui D. Z.，2013）。GIS是依托计算机建立空间地理数据库，对空间数据进行采集、管理、分析、模拟，并采用地理模型等分析方法，实时提供多种空间和动态的地理信息，为地理研究和地理决策提供服务，是现阶段规划管理、分析决策和研究地理空间数据的重要工具。空间分析是以地理对象的时空位置信息为基础，结合其空间形态特征，实现地理数据信息的整合和可视化表达。空间分析功能是城市规划应用GIS技术的核心能力，在城市规划应用中发挥了巨大作用。GIS空间分析方法种类多样，不同的空间分析方法可通过不同方式定向定量地分析城镇空间发展情况，探索城镇扩展特征，利用GIS可视化表达功能，详细分析城镇演变与更新过程。

（1）层次分析

层次分析即分层叠加分析，是通过将城镇增长过程中涉及的各种因素（如土地利用、人口密度、交通设施、自然资源等）作为空间图层进行叠加，GIS有助于评估建设用地的合理性。此种方法将各种数据结合在一起，以帮助决策者确定最适合城镇发展的区域。通过对不同影响因素赋予权重，并将各影响因素叠加，形成城镇发展的综合评价结果。层次分析法可以识别出数据之间的空间关系并生成新的空间图层。在城镇增长边界划定中，可以将不同类型的数据图层进行叠加，比如土地利用、人口、经济发展等，以识别城镇增长的趋势和特点。

具体步骤如下：

1）准备数据：获取土地利用、人口、经济发展等数据的GIS数据图层，整理为统一数据格式，并添加属性表。

2）设置分析参数：在ArcGIS软件中打开“分层叠加分析”工具，在参数设置中选择要叠加的数据图层和叠加方式。叠加方式有交集、合并、求和等多种选项，根据实际需要选择合适的方法。

3）进行分析：设置好参数后，进行分层叠加分析。在分析过程中，可以根据不同的需求对结果进行筛选和分类，以生成不同的空间图层。

4）分析结果：生成的空间图层可以从不同的角度反映城镇增长的特点，比如人口密度图、土地利用变化图、经济发展热点图等。通过对这些图层的分析，可以识别出城镇增长的重点、方向和趋势，为城镇增长边界的划定提供科学依据。例如，从人口密度图可以看出城市人口增长的分布情况，从土地利用变化图可以看出城镇在不同时间段内的发展重心，从经济发展热点图可以看出城镇的经济中心和发展潜力等。

分层叠加分析是一种重要的GIS分析方法，在城镇增长边界划定中有着广泛的应用。ArcGIS支持多种不同类型的数据格式，包括矢量数据、栅格数据等，可以轻松地将这些数据图层集成到一个工作空间中进行叠加分析，并生成新的空间图层。多种分层叠加分析可以根据不同的需求选择合适的分析方法。同时，它还提供了可视化的分析工具，如图表、直方图等，方便用户以图形化的方式分析数据结果。

在ArcGIS中，分层叠加分析可以方便地与其他GIS分析工具相结合，如缓冲区分析、网络分析等，可以在分析过程中多角度地获取空间数据信息。作为全球知名的GIS软件平台，其分层叠加分析方法具有多种优势，包括快速、灵活、易于使用、多角度获取数据信息等诸多优点，特别适用于城市规划、土地利用、资源管理等领域中的空间分析问题。通过科学的分析和判断，可以为城市规划和管理提供有力的支持与依据。

（2）空间回归分析

空间回归分析是一种以空间数据为研究对象的多元统计方法，它考虑了空间自相关性和空间异质性等因素。在ArcGIS中，使用空间回归分析可以通过数学模型来找出一个或多个因素与地理现象之间的关系，如人口密度与交通拥堵程度之间的关系等，从而提高决策制定的准确性和科学性。在城镇增长边界的划定过程中，可以采用GIS的空间回归分析方法来对影响城镇增长的诸多因素进行定量研究。空间回归模型有助于研究空间因素之间的相互关系和强度以及因素之间的相互作用，从而预测和优化城市的发展趋势。

ArcGIS空间回归分析通过对城镇增长相关因素的分析应用到城镇增长边界的划定中，可以识别出城镇增长的特点和趋势。

我们可以通过ArcGIS空间回归分析，首先确定城镇增长的主要驱动力，比如新型产业、商业经济、人口流入等因素。然后，利用这些预测结果，可以制定出相应的策略，指导城镇增长边界的规划和管理。通过数据准备进行变量选择可以探索变量之间的相关度。收集与城镇增长相关的各种数据，如土地利用、人口数据、经济数据等，将数据导入ArcGIS平台中，并进行数据预处理，以便进行回归分析。选择与城镇增长相关的变量，如经济、土地利用、居民收入等因素，建立回归模型，以探讨它们之间的关系和作用。

利用ArcGIS强大的可视化和空间分析工具，将回归模型的空间解释结果进行可视化呈现。可以将回归模型的预测结果绘制到地图上，以便更好地理解和预测城镇增长边界的变化趋势。结合回归模型的预测结果及地图可视化分析结果，对城镇增长边界进行划定，并提出相关对策，以指导城市规划和管理。

总之，ArcGIS空间回归分析是一种有效的GIS分析方法，可以用于城镇增长边界的划定和规划，通过对城镇增长相关因素的分析，可以帮助我们更好地理解和预测城镇增长的趋势及特点。ArcGIS空间回归分析，不仅具备强大的地理数据处理和空间分析能力，同时还具有多元化的数据整合和可视化工具，为用户提供了便捷的数据处理和结果展现方式，可以帮助用户更好地完成空间回归分析研究。

（3）土地利用（LULC）变化分析

土地利用（LULC）变化分析又称为土地覆盖变化分析，是一种基于地理信息技术的多源空间数据整合和分析方法。在ArcGIS中，通过地图信息和遥感影像等数据，可以定量分析和预测区域内土地利用变化趋势及原因。同时，该方法还可以支持土地经营、环境保护和资源管理等领域的决策制定。借助GIS技术，可以追踪城镇土地使用和土地覆盖的历史演变并预测未来变化。这些信息有助于了解城镇的发展趋势，为UGB的划定提供科学依据。

ArcGIS可以通过以下步骤进行土地利用变化分析：

1）收集数据：收集需要的地理信息数据，包括土地利用图、遥感影像等。

2）数据预处理：对收集到的数据进行预处理，包括数据格式转换、去除噪声等。

3）土地类型分类：根据要素图层或遥感影像，利用ArcGIS中的分类工具，将地物按照土地利用类型进行划分并标注。

4）土地利用变化检测：利用ArcGIS内置的土地利用变化检测工具，对两个或多个时间段的土地利用图或遥感影像数据进行比较，检测出变化情况。

5）生成变化矢量：根据检测到的土地利用变化情况，将其转换为矢量数据，生成多种矢量要素，如点、线、面等。

6）土地利用变化趋势分析：利用ArcGIS的功能和相应的工具与模型，分析和解释土地利用变化的趋势，并为未来土地利用规划提供参考。

7）可视化呈现：利用ArcGIS的地图制作工具，将土地利用变化的结果以二维或三维形式呈现在地图上。

在土地利用变化分析方面，ArcGIS在土地利用变化分析方面具有数据处理效率高、数据可视化效果好、数据处理精度高、数据分析功能强大和多维数据集成等优势，可以更直观地展示土地利用变化情况。

ArcGIS支持多种空间分析方法，具备多种数据分析能力，不仅可以更准确地处理土地利用变化分析中的时空依赖性问题，提高分析结果的准确性和可信度，还可以使用统计方法分析土地利用变化趋势，比如空间插值和空间回归分析等，既可以帮助了解土地利用现状及其变化，又可以预测未来土地利用的发展趋势。

ArcGIS支持多种数据来源的导入，能够对不同来源的数据进行整合，提高对土地利用变化分析的综合解决能力。

综上所述，利用ArcGIS进行土地利用变化分析，主要包括收集数据、数据预处理、土地类型分类、土地利用变化检测、生成变化矢量、土地利用变化趋势分析和可视化呈现，通过这些步骤可以更好地了解土地利用的变化情况及其趋势。

（4）网络分析

网络分析是一种基于地图数据和网络拓扑结构的分析工具，可以对网络进一步优化和规划。在ArcGIS中，可以使用网络分析工具来计算路径、查找最短路径、识别瓶颈、评估服务范围等。常见的应用场景包括物流配送、城市规划、交通规划等。GIS中的网络分析功能可用于评估城市道路、公共交通、供水和排水设施等基础设施的空间布局优化。网络分析有助于发现城镇增长边界的划定是否能够满足未来基础设施运行的需求和效率要求。

ArcGIS进行网络分析的基本步骤如下：

1）数据准备：将需要进行网络分析的要素数据导入ArcGIS中，如道路、管道等数据。

2）网络数据集的创建：在ArcGIS中创建一个网络数据集，并根据需要添加网络数据集的属性和设置。

3）网络分析工具的选择：在ArcGIS的网络分析工具中选择合适的工具，如最短路径分析、服务区分析等。

4）分析参数的设置：针对所选的网络分析工具，设置相关的参数，如起点、终点、中途站点、分析范围等。

5）运行网络分析：运行网络分析工具，完成网络分析操作。

在ArcGIS中进行网络分析操作，可以通过图层等视觉化方式直观地展示分析结果。

（5）自动化与可视化方案

自动化与可视化方案是指利用ArcGIS软件中的自动化分析与可视化分析工具，快速生成数据处理和可视化展示结果。该方案不仅大幅提高了工作效率，同时还减少了人为因素的干扰，提高了数据处理结果的准确性和科学性，主要针对企业决策、科学研究等领域。GIS空间分析方法可以帮助城市规划者生成可视化方案，清晰地展示城镇增长边界的选择。此外，由于GIS技术的高度自动化，分析过程更快速、准确，方便规划人员在不同方案间进行比较。

利用空间分析和地理信息系统技术，实现城镇增长边界划分的自动化和可视化方案。将需要进行城镇增长边界划分的要素数据导入ArcGIS中，如城镇建设用地、山水林田湖草等数据；在ArcGIS中选择合适的城镇增长边界划分工具；根据需要设置相关的参数，如城镇增长预测年限、人口增长率、土地可利用率等；运行城镇增长边界划分工具，生成自动化的城镇增长边界；设计可视化的方案，如选择合适的颜色、符号等，使城镇增长边界清晰可见。

ArcGIS在城镇增长边界划分方面内置自动化工具，可以大幅减少人工干预，并且减少误差。使用不同的符号、颜色和字体等方式来可视化数据，可以提高数据的可读性和可视化效果。将多组城镇增长边界数据进行叠加分析，方便对不同时间段的城镇增长边界进行对比分析，同时便于发现城镇增长趋势。

（6）场景模拟

场景模拟是一种基于数字地球模型的虚拟仿真技术，可以探究地球上特定地理区域空间变化的模拟分析。在ArcGIS中，可以通过场景模拟来模拟不同的场景，比如城镇发展、气候变化、土地利用等，对于可持续性发展等相关领域具有重要意义。GIS空间分析可以为城市规划者提供设定不同场景的能力，例如，可以预测在不同人口增长、经济发展、气候变化等情景下城镇增长的可能变化。这有助于更好地评估城镇增长边界的适应性以及确保其具有长期可持续性。

场景模拟可以通过可视化的方式直观地呈现城镇增长边界的变化和影响因素的作用，有助于用户更直观地理解和认识城镇增长边界。采用场景模拟方法可以模拟不同的城镇发展场景，根据模拟结果进行预测和预警，从而提高城镇增长边界划分的预测精度和准确性。利用计算机快速地模拟不同的城镇增长边界划分方案，快速得到多种可能的城镇增长边界结果，提高决策制定的效率和准确性。结合不同的城镇增长因素、场景和参数，灵活地进行城镇增长边界划分分析和预测，可以根据实际情况快速调整和修改分析结果。

将需要进行城镇增长边界场景模拟的要素数据导入ArcGIS中，这包括历史建设用地、影响城镇增长的因素（如交通、生态环境等）等。在ArcGIS中选择合适的城镇增长边界划分工具。根据需求设置场景模拟参数，例如城市增长分布、城市增长年限、人口增长率、土地可利用率、交通流量等。利用ArcGIS提供的场景模拟工具，运行场景模拟程序，得到模拟结果。对模拟结果进行分析，绘制可视化的结果图表等。场景模拟可以评估不同城镇增长方案的优劣，支持决策者根据实际需要制定出最优的城镇规划方案，从而达到城镇可持续发展的目标。

GIS空间分析在城镇增长边界划定过程中发挥着关键作用。它提供了一种有效的方法以识别和量化影响城市发展的各种空间因素，预测未来变化和需求，并为城市规划者提供可视化方案和有效工具，以便在实践中实现有序、可持续的城镇增长。

4.空间数据分析法

空间数据分析法是一种基于地理信息系统（GIS）的空间数据处理和分析技术，以空间数据为基础，对城镇土地的发展进行分析和预测，为城市规划提供决策支持。当今城镇化的加速发展，使得城镇空间的规划和建设面临前所未有的挑战。因此，空间数据分析法在城镇扩张预测方面的应用越来越受到关注。空间数据分析法在城镇扩张预测方面的应用能够在深入了解城镇空间特征、预测城镇未来发展方向和辅助规划、优化城镇空间布局等方面发挥重要作用。

具体来说，空间数据分析法在城镇扩张预测方面的应用，需要运用到一定的技术和方法。

（1）地理信息系统技术

空间数据分析法可以对城镇空间数据进行深入分析，了解城镇的空间特征，包括土地利用、建筑物分布、交通网络、人流等各种信息，从而为预测城镇扩张方向提供重要参考。

地理信息系统技术是空间数据分析法的核心技术，用于收集、管理、处理和分析大量的空间数据。这些空间数据可以包括卫星图像、遥感数据、传感器数据，以及人工采集的数据等多种类型的信息。GIS可以在城市规划过程中提供重要的空间数据分析和可视化服务，帮助研究者和决策者对城市问题做出更理性的决策。例如，通过对城镇空间数据的收集和处理，可以制作出城镇基础设施图层、居民区分布图、交通网络图等，为城市规划提供重要参考。

（2）网格分析技术

网格分析技术可以通过对城镇的历史数据和现实数据进行分析，研判城镇的发展趋势和演化规律，从而预测城镇的未来发展方向，为城市规划提供科学依据。

网格分析技术是空间数据分析法的重要方法之一，通过对城镇空间数据进行网格化处理，将城镇空间划分为若干个网格区域，每个网格区域都有特定的地理位置和空间属性，然后对每个网格区域的特征进行分析和比较，确定各个区域的发展潜力、规划优化方向等。同时，还可以建立网格模型，通过模型的运算及可视化等手段，预测城镇空间的未来发展趋势，提供城市规划所需要的科学依据。

（3）空间统计分析技术

空间数据分析法可以通过对城镇空间数据的挖掘和应用，实现城镇规划空间优化，合理规划城镇空间布局，提高城镇土地的利用效率，实现城镇的可持续发展。

空间统计分析技术是空间数据分析法的另一种方法，通过空间统计分析，可以发现空间数据的分布规律，确定城镇扩张的方向和趋势，进而为城市规划和决策提供科学依据。通过统计学方法，对城镇空间数据进行分析和建模。此外，空间统计分析技术还可以通过空间插值和空间分析等方法，帮助研究者和决策者更加全面地分析城镇扩张的趋势，为决策提供科学的支持。

空间数据分析法在城镇扩张预测方面的应用是十分重要的。在未来的城市规划和建设中，空间数据分析法的地位将会越来越重要。将空间数据分析法应用在城镇扩张预测方面，有助于城市规划和决策，使城镇得到更加合理、高效和可持续的发展。

第五章　城镇增长边界划定方法概述

5.1　简单线性回归

线性预测（Linear Prediction，LP）是时间序列分析中的常用方法，其原理是根据过去已知的若干值的规律，预测未来估计值的方法，每个取样值都可以用过去若干个取样值的加权和线性方程来表示（尹清波，等，2005）。估计值是能够反映过去若干值变化频率幅度的参数，可以利用线性方程实现预测结果。常用的线性模型有多元线性回归模型、自回归模型、协同回归模型、卡尔曼滤波模型和空间线性模型等。

在划定城镇增长边界中，线性回归预测和空间线性模型是土地需求预测的主要方法之一，基于数学方法建立时间序列模型，依据过去、当前的地类数量作为城市发展特征，即用一组模型参数近似表达城镇用地调用序列的功能特征，合理预测未来地类的数量。元胞自动机（CA）模型不是由严格定义的物理方程或函数确定的，而是包含一系列模型构造的规则，凡是满足这些规则的模型都可以算作元胞自动机模型，可以说元胞自动机是一类模型的总称，或者说是一个方法框架，因此具有很好的开放性和灵活性。在此基础上，可以针对不同的应用问题，对模型的元胞空间和转换规则进行细化及具体化，以适合各种地理复杂问题的分析研究（韩玲玲，等，2003）。针对城镇增长和土地增长时空动态变化这一复杂的地理过程，利用CA模型来模拟城镇增长和土地增长时空动态变化过程时，元胞可以定义为城镇土地利用中的地块。

5.1.1　多元线性回归法

多元线性回归（Multiple Linear Regression）是简单线性回归的延伸，可用于研究一个连续型因变量和多个解释变量间的线性依存关系。其前提条件为：线性（自变量与因变量间成线性）、独立性（各观测间相互独立）、正态性（残差服从正态分布）、方差齐性（残差大小不随自变量取值水平的改变而改变）。多元线性回归分析可以预测变量与多个解释变量之间的线性关系（曹应举，等，2018），在将其与CA结合应用时，可以通过分析预测变量（如土地利用变化）与多个解释变量（如人口、经济、交通等要素）之间的关系，从而预测未来的空间格局。

多元线性回归模型是一种用于分析多个自变量对一个因变量的影响的回归模型。其表达式为：

$$Y = \beta_0 + \beta_1 X_1 + \beta_2 X_2 + \cdots + \beta_i X_i + \varepsilon \tag{5.1}$$

式中，Y表示因变量，X_i表示自变量，β_i表示自变量X_i对因变量Y的影响（斜率），β_0表示截距，ε表示误差项。

在城镇增长边界划定中，多元线性回归模型可以用来分析城镇扩张的影响因素，并预测未来城镇的增长趋势。常见的自变量包括土地利用类型、交通设施、人口分布、经济发展水平等。通过建立多元线性回归模型，可以分析每个自变量对城镇扩张的影响大小，并且可以排除其他因素对模型的影响，从而得到更准确的预测结果。

根据回归模型得到的系数，可以对不同自变量的权重进行排列，权重越大的自变量在城镇扩张中的作用越大。通过这些权重可以将城镇的增长边界划分为不同的区域，从而为城市规划和土地利用提供科学依据。

未来城镇开发边界仅通过单一的城镇扩张因素来预测难以实现定性和定

量，所以在实际生活中，都是通过近几年的数据构建主要影响因子和城镇增长边界的方程，通过观测影响因子来预测未来的城镇扩张面积。

5.1.2 自回归模型

自回归模型是一种用于时间序列分析的回归模型，它是基于某个时间点前的数据来预测未来时刻的数值，该时间点本身也作为一个自变量。

自回归模型的公式为：

$$Y_t = \beta_0 + \beta_1 Y_{t-1} + \beta_2 Y_{t-2} + \cdots + \beta_p Y_{t-p} + \varepsilon_t \tag{5.2}$$

式中，Y_t表示第t个时间点的数值，Y_{t-1}到Y_{t-p}表示其之前的几个时间点的数值，β_0~β_p是回归系数，ε_t表示误差项。

在城镇增长边界划定中，自回归模型可以用来分析城镇增长的时间序列数据，包括人口、经济总量、建筑面积、绿地面积等。通过建立自回归模型，可以分析历史发展数据对城镇增长的影响，预测未来的增长趋势和规律（张郁山，梁建文，胡聿贤，2003）。

为了更好地利用自回归模型进行城镇增长边界的划定，可以采用滑动窗口法。滑动窗口法是指在时间轴上以一定长度（如5年、10年）的窗口滑动，对每个窗口内的数据建立自回归模型，预测未来一段时间内的增长趋势。通过比较不同窗口预测得到的城镇增长区域，可以得到更为准确的城镇增长边界划定。同时，也可以通过对不同自变量进行自回归分析，来确定其在城镇增长中的权重，进一步提高城镇增长边界划定的精度。

另外，自回归模型还可以根据其残差来进行空间自相关的检验。在建立自回归模型时，若数据之间的空间相关性得不到良好的拟合，则可能存在空间自相关问题。因此，对于城镇增长边界的划定，除了利用自回归模型进行预测外，还需要对观测数据的空间自相关性进行检验和修正，从而得到更为准确的划定结果。

总之，在城镇增长边界划定中，自回归模型是一种有力的工具，既可以对城镇的历史增长数据进行分析和预测，也可以结合空间自相关性检验，从而得到更为精确的城镇增长边界划定结果。

5.1.3 协同回归模型

协同回归模型是一种考虑空间相邻性的回归模型，在城镇增长边界划定中具有广泛的应用。它的基本思想是，相邻区域之间的发展状态会相互影响，因此在建立回归模型时，需要考虑空间相邻性对预测结果的影响。协同回归模型多用于研究区域间的相互作用和空间自回归模型。

在城镇增长边界划定中，协同回归模型可以用于分析城镇增长的空间相似性，并根据这种相似性预测城镇增长的趋势（张郁山，梁建文，胡聿贤，2003）。对于城镇增长边界的划定，协同回归模型可以考虑上下文空间信息，即将相邻区域之间的影响考虑在内。

例如，在建立协同回归模型时，可以用经济总量、居民人口等指标作为自变量，而空间相邻性则可以通过邻接矩阵的方式进行描述。在预测城镇增长时，协同回归模型可以考虑某一区域的增长状态与其相邻区域的增长状态之间的关系，如某区域周边的发展状态对其自身的发展趋势产生的影响等。

总之，协同回归模型与自回归模型相比，更能考虑空间影响因素，能够更准确地预测城镇增长趋势。在城镇增长边界划定中，协同回归模型可以为规划申报者提供更精确的表格和地图结果，为规划过程提供科学数据。

5.1.4 空间线性模型

空间线性模型是一种考虑空间依赖性的线性回归模型，在此模型中，变量值不仅考虑到自身的影响，还考虑到周边空间的影响。这一模型可以用来探究城镇增长边界的规律和影响因素。

在城镇增长边界划定中，空间线性模型用于研究城镇在空间上的依赖性和扩张规律（张红旗，李家永，牛栋，2003）。例如，可以使用这一模型来研究城镇周边环境与城镇扩张速度之间的关系，还可以利用这一模型来研究城镇扩张与人口、经济、交通等方面的关系，从而建立城镇增长边界的模型和预测模型。

基于空间线性模型的分析，为城镇增长边界的划分和规划提供有力的科学依据。模型考虑了地理空间因素对城镇增长的影响，可以帮助揭示城镇扩张的空间模式和驱动因素，可以利用研究结果对城镇中心区域和周边地区的土地利用分配进行优化和规划。这不仅可以提高城镇土地的利用效率，还可以改善城镇居民生活质量，为城镇的可持续发展提供支持。

空间线性模型的工作原理是基于空间依赖性的线性回归模型，主要包括以下几个方面。

1. 空间依赖性的建模

空间依赖性是指空间上相邻地区变量值之间的关联，即一个地区的变量值受到其邻近地区变量值的影响，通过建立空间权重矩阵来刻划地区之间的空间依赖性。该矩阵通过量化邻近地区之间的距离和空间结构关系，反映了相邻地区之间的联系和影响程度。常用的权重矩阵包括拉格朗日乘子法、K近邻法、核函数法等，它们根据地理距离、邻近关系或其他空间结构来量化地区之间的相关性。

2. 模型变量的选择与回归

在空间线性模型中，需要选择适当的自变量来解释城镇增长边界的变化。这些自变量可以包括土地利用类型、人口密度、基础设施分布等，根据具体研究问题进行选择。然后，利用线性回归方法将自变量与因变量（城镇增长边界）建立关联，并估计自变量的系数。在选择变量后，我们需要通过建立线性回归模型来进行预测和分析。空间线性模型基于经典线性回归模型，加上空间权重矩阵，形式如下：

$$Y = \rho WX + X\beta + \varepsilon \tag{5.3}$$

式中，Y表示因变量；ρ表示空间自相关性的程度，它的值介于-1和1之间；W表示空间权重矩阵；X表示自变量；β表示自变量系数；ε表示误差项。

3. 模型结果认证

模型结果认证可以使用模型拟合指标和空间自相关性指标来评估模型的拟合效果。常见的模型拟合指标有R^2、回归系数、残差分析指标等，空间自相关性指标有Moran's I、Geary's C等。

空间线性模型是探究城镇增长边界规律和影响因素的一种重要统计学方法。运用这一方法可以帮助我们理解城镇扩张的空间模式和驱动因素，为城市规划和土地利用决策提供科学依据。这种模型的应用能够提高城镇可持续发展的效果，并为决策者制定合理的城镇增长边界规划提供指导。

5.1.5 线性预测的局限性

城镇增长边界的研究是一个复杂的课题，需要综合考虑多个因素和采用多种方法来进行分析。线性模型在城镇增长边界研究中有其应用价值，但也需要认识到其局限性，特别是对于非线性关系和复杂相互作用的处理。因此，将不同的模型和方法结合起来，综合考虑多个因素，可以更好地理解和预测城镇增长边界的演变。城镇增长边界演变是自然生态景观约束、自组织机制作用、人为干预和调控等多因素综合作用的结果，涉及因素非常复杂，各因素之间又相互反馈影响，难以简单定量描述。线性模型只能解决线性问题，其表达能力非常有限，通常要依赖特征与响应变量的相关性，当特征与响应变量毫不相关时，这时线性模型就会变得无能为力。

线性预测是一种常用的城镇增长边界划定方法，通过对历史数据进行分析预测城镇未来的扩展边界。该方法具有简单、易操作、高效等优点，因此在城市规划和土地利用规划等领域得到广泛应用。然而，线性预测也存在一定的局限性，城镇增长不是线性的。城镇的内在规律和外部环境因素的影响都会导致城镇增长的非线性特征，而线性预测方法只能应对线性关系的情况，对于非线性情况可能会出现误差较大的预测结果。数据质量对预测结果的影响较大。线性预测方法需要依赖历史数据进行预测，而历史数据的质量对预测结果的准确性有很大影响，如果数据存在缺失、错误等问题，就会导致预测结果出现偏差。

城镇增长往往受到多个因素的影响，包括自然、社会、经济等多个方面，而线性预测方法通常只考虑了全局因素的影响，无法捕捉到非线性关系和复杂的相互作用。这可能导致预测结果与实际情况不符。城镇规模与人口之间的幂函数关系是城镇增长的一个重要非线性特征，其反映了城镇规模的增长相较于人口增长的非线性关系。这种幂函数关系揭示了城镇增长的尺度效应，即城镇规模对于人口增长的影响随着城镇规模的增大而放大或衰减。根据经验观察和实证研究，城镇规模与人口之间的幂函数关系通常被描述为亚线性关系，即城镇规模的增长速度相较于人口增长的速度小于线性关系（林春艳，2002）。这意味着随着城镇人口的增加，城镇规模的增长速度会逐渐减缓。

线性预测方法无法处理突发事件的影响。突发事件（如自然灾害、经济危机等）会对城镇增长产生较大影响，而线性预测方法难以处理这些非周期性的影响因素，容易导致预测结果出现偏差。在城镇增长边界划定和预测方面，除了线性预测方法，还有其他更复杂的模型和方法可以应用，如非线性回归、机器学习算法等。这些方法可以更好地处理非线性关系、相互作用效应和突发事件的影响，提高预测结果的准确性。此外，综合考虑多个因素，并结合专家知识和实地调研，可以提供更全面和准确的城镇增长边界划定结果。

5.2 CA-Markov耦合

马尔可夫（Markov）模型在土地利用变化建模中有广泛应用，但传统的Markov模型难以预测土地利用的空间格局变化。元胞自动机（CA）模型具有强大的空间运算能力，可以有效地模拟系统的空间变化。近年来CA模型在土地利用变化的模拟研究中取得了许多有意义的研究成果，但它主要着眼于元胞的局部相互作用，存在明显的局限性。CA-Markov模型综合了CA模型模拟复杂系统空间变化的能力和Markov模型长期预测的优势，既提高了土地利用类型转化的预测精度，又可以有效地模拟土地利用格局的空间变化，具有较大的科学性与实用性。

（1）马尔可夫模型

若随机过程在有限的时序$t_1 < t_2 < t_3 \cdots < t_n$中，任意时刻$t_n$的状态$a_n$只与其前一时刻$t_{n-1}$的状态$a_{n-1}$有关，称该过程具有马尔可夫性（无后效性），具有马尔可夫性的过程称为马尔可夫过程。在土地利用变化研究中，可以将土地利用变化过程视为马尔可夫过程，将某一时刻的土地利用类型对应于Markov过程中的可能状态，它只与其前一时刻的土地利用类型相关，土地利用类型之间相互转换的面积数量或比例即为状态转移概率。因此，可用以下公式对土地利用状态进行预测：

$$S_{t+1} = P_{ij} \times S_t \tag{5.4}$$

式中，S_t、S_{t+1}分别表示t、$t+1$时刻土地利用系统的状态；P_{ij}为状态转移矩阵。

（2）元胞自动机模型

CA是由计算机之父——冯·诺依曼在20世纪50年代初期开发的。基于图灵机思想的智能细胞自我进化控制系统，用于模拟生命系统的自身复制功能。元胞自动机由规则的元胞网格组成，每个元胞都保持着有限的可能状态，依靠域的交互规则在一定时间内可以更新。每个单元格的状态由预期的相邻元胞网格决定（Rupali Bhardwaj et al.,2017）。它可以表示为一个数学公式：

$$S_{t+1} = f(S_t, R) \tag{5.5}$$

式中，S_t和S_{t+1}分别表示t和$t+1$时刻的元胞及其邻居的状态，R表示变化规律。然而，大多数元胞自动机（CA）模型在模拟土地利用变化时，对模型空间中的所有元胞使用相同的转换规则。因此，在模型中忽略了空间异质性变化，这意味着这些模型容易过度模拟或模拟不足，从而导致与现实的巨大偏差。

（3）CA-Markov预测模型

根据Markov模型与CA模型的特点，可以将二者结合起来。在土地利用栅格图中，每一个像元就是一个元胞，每个元胞的土地利用类型为元胞的状态。模型在GIS软件的支持下，利用转换面积矩阵和条件概率图像进行运算，从而确定元胞状态的转移，模拟土地利用格局的变化。具体实现过程如下：

1）将研究区土地利用矢量图转换为栅格格式，通过GIS叠置分析，得到土地类型转移概率矩阵、转移面积矩阵和一系列条件概率图像（这些图像来自转移概率矩阵，代表每个像元在下一时刻被某土地类型覆盖的概率）。

2）构造CA滤波器。根据元胞距离的远近创建具有显著空间意义的权重因子，使其作用于元胞，从而确定元胞的状态改变。例如用5 × 5的滤波器，即认为一个元胞周围5 × 5个元胞组成的矩形空间对该元胞状态的改变具有显著影响。

3）确定起始时刻和CA循环次数。确定栅格数据的起始年份和CA的循环次数。

5.3 CA与人工智能相结合算法

结合CA的人工智能算法可以考虑土地利用变化过程中的随机非线性过程以及多种驱动因素对土地利用变化时空过程的影响。目前，该领域使用的主要方法包括人工神经网络（ANN）、随机森林（RF）、支持向量机（SVM）。

5.3.1 人工神经网络模型

人工神经网络（ANN）是一种动态系统，它是基于模拟生物神经网络系统，实现快速、高效地处理信息的目的。目前，Hecht-Nielsen提出了公认的ANN

定义：ANN是一种以有向图为拓扑结构的人工动态系统，能够快速高效地处理各种输入信息（朱庆华，2004）。目前，国内外已经研究了近40种人工神经网络模型结构。当前应用较为成熟的神经网络包括BP神经网络、RBF神经网络、感知器神经网络和Hopfield神经网络。

在模拟和预测城镇空间演变的过程中需要使用空间层面的许多影响因素，但城镇空间模型的组成很难确定。研究表明，将神经系统中土地利用耦合的影响因素与分散概率和细胞自动机（CA）相结合，可以有效提高CA在城镇空间演化预测中的模拟质量。因此，利用城镇土地利用图像训练相应的耦合神经网络系统，并将人工神经网络（ANN）系统和细胞自动机（CA）相结合形成的人工神经网络细胞自动机（ANN-CA）应用于城镇空间扩展和演化的模拟与预测，有效避免了传统预测方法的负面影响，可以准确确定城镇空间模型的组成和城镇空间模拟结果。

作为一个自下而上的模拟过程，CA基于研究区域内空间单元之间的相互作用和影响。每个空间单元的发展可能性和演变方向取决于周围空间单元的开发特征及其自身空间影响因素的组合。因此，CA可以在一定程度上解释城镇空间系统发展的复杂性，但在城市经济和社会等因素的影响下，很难在城镇空间演变中获得逻辑支持。这还需要引入现实的城镇空间约束因素与CA相结合，以控制现实因素下的城镇土地变化过程，并提高模拟结果的可靠性。由于城镇空间变化的综合性，现实城镇约束因素和ANN-CA的结合可以有效地预测研究区在不同现实情况下的空间增长情况与土地分布动态，为研究区的城镇边界开发与划定提供更科学的理论支撑。

ANN-CA模型的核心原理是基于不同时期的土地利用数据进行神经元训练，然后，根据各影响因素的特点，循环计算各元胞土地利用类型的转换概率，从而实现土地利用规划的模拟和预测。基于人工神经网络（ANN）的CA已经被学者广泛使用。考虑到人工神经网络算法已被证明是映射历史土地利用与各种辅助数据源之间复杂非线性关系的有效方法，已被证明是高度可行的。然而，尽管该模型在处理复杂数据方面具有优势，但仍存在各种缺点。例如，模拟精度受到转换规则和数据挖掘规模的限制，因此有必要在模拟之前提取两个时期的土地利用数据之间的差异。同时，土地利用的转换增加了数据的计算规模，使模型更加复杂。ANN-CA的数学表达式如下：

$$P(K,t,l)=[1+(-l\text{n}\gamma)^{\alpha}]\times P_{ANN}(K,t,l)\times \Omega_{\text{k}}^{\text{t}}\times \text{con}(S_{\text{k}}^{\text{t}}) \quad (5.6)$$

式中，$(-l\text{n}\gamma)^{\alpha}$ 为随机因素；$P_{ANN}(K,t,l)$ 为已训练的人工神经网络计算的某种土地利用类型的转换概率；$\Omega_{\text{k}}^{\text{t}}$ 为所定义的邻域窗口中城镇用地的密度；$\text{con}(S_{\text{k}}^{\text{t}})$ 为两个区域土地之间的转换适宜性。

简单地说，即“元胞 k 时刻 t 第 I 种土地利用类型转换概率”等于随机因素、人工神经网络计算概率、邻域发展密度和转换适宜性 4 种因素计算值的乘积。

5.3.2 随机森林算法

Breiman等于2001年提出了随机森林（Random Forest，RF）算法。RF算法属于监督分类的方法，已广泛应用于各种分类问题。它以决策树为基本单元，通过集成学习的思想将多棵决策树集成在一起。本质上，它是一种基于机器学习的集成学习算法。因为每个决策树都是一个分类器，当我们输入训练样本时，每个决策树会产生相应的分类结果，然后随机森林算法收集每棵树的分类结果并使用投票来确定样本的分类结果。在提取训练样本的过程中，大约1/3的数据没有被选择。这部分数据变成了袋外数据，通常用于评估分类误差和特征重要性。特征的重要性通过平均精度降低（Mean Decrease in Accuracy，MDA）来评估。

在使用随机森林算法进行分类之后，可以使用混淆矩阵、分类精度、Kappa系数等其他评价指标来评估分类精度。混淆矩阵是用于评估分类模型性能的 $N\times N$阶矩阵将实际目标值与机器学习模型的预测值进行比较，以测量分类模型的性能和错误分类的类型。通过将混淆矩阵中正确分类的样本数量除以样本总数来计算分类精度，反映正确分类的比例，从而获得分类的总体精度。Kappa系数也是基于混淆矩阵，其计算公式是 $P_0 - P_e$ 与 $1-P_e$ 的商。式中，P_0 为分类精度，P_e 为偶然一致性误差。Kappa系数为0~1。0表示实际分类与预测分类完全不一致；1表示分类完全一致。通常，Kappa系数大于0.8表示分类结果良好。

本研究使用随机森林分类算法来探索各种土地利用类型的增长与各种驱动因素之间的关系。RF算法是一种基于决策树的集成分类器，它从每个子数据集构建，并从原始训练数据集中提取随机样本。RF算法可以处理高维数据，处理变量之间的多重共线性，最终输出单位 i 处土地利用类型 k 的增长概率 $P_{i,k}^{d}$ 。然而，现有模型在演化某一土地利用斑块和模拟各种土地利用类型的时空动态方面能力不足。因此，Liang等提出了一种新的土地扩张分析策略（LEAS）和基于多类型随机斑块种子（CARS）CA模型的PLUS（Patch-generating Land Use Simulation）模型来解决这些问题。该方法具有较高的使用效率和模拟精度。随机森林算法表达式如下：

$$P_{i,k}^{d}(\chi) = \frac{\sum_{n-1}^{M} I[h_n(\chi) = d]}{M} \tag{5.7}$$

式中，d 的值为0或1，1表示有其他土地利用类型转变为土地利用类型k，0表示没有其他土地利用类型转变；i 为 k 所在的元胞；χ 是由多个驱动因素组成的向量；I为决策树集的指示函数；$h_n(\chi)$ 是第 n 个决策树预测的向量 χ 的类型；M是决策树的总数。此外，RF算法还具有测量自变量对因变量变化的重要性的优点，可以根据随机噪声引起的 out-of-bag 误差变化来计算因变量的变化。

5.3.3　支持向量机

基于统计学理论中的VC理论和结构风险最小化原理，一种新的机器学习方法——支持向量机（Support Vector Machine，SVM）应运而生。支持向量机是一种通过导入数据来解决统计学习问题的机械学习算法。该算法使用了大量统计学习理论知识，SVM可以执行线性或非线性分类和回归问题。特别适用于中小型复杂数据集的分类，是机器学习领域最受欢迎的模型之一。目前，单支持向量机在故障诊断中的应用还存在一些不足。它只对两个分类问题有很好的诊断效果，但在多分类问题中还不成熟。

支持向量机依据不同类别在高维空间中线性可分离的特点进行图像分类，可以有效应对高维数据的“维数灾难”问题。如Fauvel（2014）等基于高光谱遥感数据使用支持向量机对城镇不同下垫面类型进行分类，最佳分类精度可达到87%。该分类器需要对核函数类型进行设置。它可以根据有限数量的样本找到模型复杂性和学习能力之间的最佳平衡，并具有良好的推广潜力。SVM致力于最大化特征空间中两类数据之间的间隔。因此，SVM首先被广泛应用于二元分类，然后逐渐扩展到多元分类。当修改使用合适的核函数时，SVM可以推广为非线性模型。

总体来说，支持向量机是一种常用的机器学习算法，主要用于分类和回归问题。它的基本思想是找到一个超平面（或多个超平面）来将不同类别的数据分开。在二分类问题中，SVM会从数据集中找到一个最优的超平面，使这个超平面能够将两类数据分开，并且使这个超平面到最近的数据点（也称为支持向量）的距离最大。这个距离也被称为“边界”（Margin），这个超平面就是最优边界。

对于线性可分的情况，SVM的最优边界可以通过求解一个凸优化问题来得到解决；对于线性不可分的情况，SVM通过使用核函数（Kernel Function）将数据从原始空间映射到高维空间中，然后在高维空间中寻找一个超平面来进行分类。SVM的优点在于它能够在高维空间中进行分类，具有很好的泛化能力，对于少量的数据点也能够取得很好的效果。但是，SVM的缺点在于它对于大规模数据集的训练速度较慢，对于噪声和异常点比较敏感。此外，选择合适的核函数也是一个比较困难的问题。

第六章　与CA结合的划定方法在国土空间规划中的应用前景

6.1　城镇发展边界在国土空间规划体系中的地位与作用

为实现高质量发展和高品质生活，建设美丽家园，确保国家战略有效实施，推进国家治理体系和治理能力现代化，实现“两个一百年”奋斗目标和中华民族伟大复兴的中国梦，党中央和国务院作出重大部署，建立国土空间规划体系并监督实施。国土空间规划作为国家空间发展的指南和可持续发展的空间蓝图，是各类开发、保护和建设活动的基础。国土空间规划体系的建立和监督实施是中央政府作出的一项具有全局性深远意义的重大决策部署。

随着我国城镇建设进入新阶段，科学划定城镇发展边界的必要性日益凸显。自2014年提出“多规合一”战略以来，到2019年5月，中共中央、国务院印发了《中共中央　国务院关于建立国土空间规划体系并监督实施的若干意见》。关于国土空间规划顶层设计由此完成，这无疑将对学科建设和城乡规划行业产生深远影响。近年来，通过划定城镇增长边界来合理利用城镇用地空间、提高城镇用地利用效率、保护生态环境的城镇发展政策引起了许多专家学者的共鸣。在实践中，住房和城乡建设部、自然资源部已确定北京、上海和南京等14个城市于2014年7月进行城镇发展边界划定。西方发达国家的城市规划实践证明，城镇增长边界伴随着城镇蔓延，它的作用不仅是防止城镇无序蔓延，还为城镇未来的潜在发展提供科学合理的引导。

构建国土空间规划体系是一项系统性工程，需要一系列制度创新，包括市县国土空间总体规划中“三条控制线”（即生态保护红线、永久基本农田和城镇开发边界）的划定和国土用途分类管制制度。本章讨论了“三条控制线”中的“城镇开发边界”，并讨论了城镇发展边界在国土空间规划体系中的地位和作用。

6.1.1 城镇增长边界是促进国土空间优化的有效策略

进入21世纪以来，我国城镇化进程加快，按照我国人口统计年鉴数据，2000 年的城镇化率为36.2%，而到2020年增加至63.89%。城镇的飞速发展，不可否认其对社会和经济发展带来了助力，但却导致了不少城市盲目寻求空间的扩张，从而形成了城市无序蔓延、侵蚀优质土地、对资源的过量开采等严峻问题。上述问题都将会导致更严重的生态污染和土地短缺，并由此对中国城市化的可持续发展构成了极大的挑战。在当今的时代背景之下，合理地控制城镇扩展是时代发展的需要。为了缓解城镇化过程中带来的一系列问题，世界上许多国家相继采取了遏制城镇无序扩张的政策作为提高城市紧凑度、保证土地集约利用的措施。其中，李小敏等（2019）认为城镇增长边界是限制城镇恶性发展的一项工具。

目前，限制城镇化发展的地方政府一般都致力于提高城镇用地的使用密度和保留优质的城镇开放空间，此类空间大致分为三类，分别是绿色地带、城镇增长边界和都市公共服务界线。吴欣昕等（2018）将城镇发展规模控制在界限之内，并由此控制了城镇用地的增量规模，已被广泛应用。中国在2006年之后，明晰地指出了“增长边界”，也对城镇增长边界做了更进一步探讨，并选择了几个试点城市进行城镇增长边界的确定。至此，城镇增长边界已经不仅是一种学术讨论的核心，更是跨出了从理论到实践的重要一步。

城镇化发展中的“欠债”在城镇化步入加快健康发展阶段后会逐步释放出来，当地政府依靠扩充城市用地规模“卖地生财”的主体冲击，进一步推进山区都市快速向外扩展。山地城镇对发展前景给出了更多需求，有些山区都市因为缺少平整土地，只能把山地和山谷利用起来进行城镇的开发建设。就算是盆地，城镇规模的快速健康发展到相当健康发展阶段后也依然存在着生存空间的局限，如云南省大部分乡镇处于山中盆地坝子之上，在城镇建设土地大幅度增长威胁土地安全性的情形下，以优惠政策等多种形式推进“城镇上山”的工程建设。城镇空间扩展和地貌变化相互之间的关系问题也已开始变成中国山地城镇规划研究和实施中的焦点问题。

本书认为UGB这一政策措施和科技工具对解决上述实际问题有着重要意义，对在执行过程中所遇到困难的主要原因加以分析，并给出了相应措施。划定城镇增长边界是国土空间规划体系构建的一项系统工程，具有重要意义。中国正处于城镇扩展时期，科学而又合理地划定城镇增长边界，对引导和控制城镇建设用地的扩展十分重要。为了在2030年实现高效、包容和可持续的城镇化目标，进一步考虑城市环境、经济和社会的可持续性，中国政府发布并实施了一系列以“三区三线”为核心的规划计划。在这一过程中，城镇增长边界作为“三条控制线”之一，对区域土地的合理开发起着引导作用，是促进自然资源合理开发利用的关键，可以有效实现都市圈土地空间优化和可持续发展的目标。都市圈的国土空间规划体系也明确提出划定具有约束力的城镇增长边界。因此，全面划定可持续发展的城镇增长边界已成为推动都市圈国土空间优化的重要政策。

6.1.2 城镇增长边界划定是城镇空间增长管控的重要手段

城镇空间增长管理一直是世界各国关注的热点问题。“精明增长”（Smart-Growth）、“增长管理”（Growth Management）、“绿带”（Green Belt）、“填充式开发”（Infill Development）以及“新城市主义”（Neo-urbanism）是

近年来西方规划界出现的一些理论和思想。在“精明增长”运动中，城镇增长边界（UGB）的概念被明确提出。目前，划定城镇增长边界已成为许多西方国家应对城市蔓延的方式之一。在中国，原建设部于2006年发布了《城市规划编制办法》，首次提到了城镇增长边界，并从城市总体规划纲要和中心城市规划两个层面提出了“研究中心城区空间增长边界，确定建设用地规模，划定建设用地范围”的要求。经过多年的持续研究和讨论，划定城镇增长边界的重要性和必要性得到广泛认可。

自上而下的机构改革和空间规划体系的建立，表明了国家对于全面升级全域全类型空间资源管控力度的决心。未来，城镇建设用地指标管控将进一步收紧，城镇发展边界将成为国家控制城镇空间扩张的重要政策工具。纵观2014年以来各地开展的城市发展边界划定试点实践，陕西、甘肃、四川、广东、安徽、福建、内蒙古和湖南先后发布了城镇（城市）开发边界划定的相关技术指南（导则），但并未形成统一认识，不同地区城市发展边界的定义、划定方法和划定期限都不相同，而国家层面的城镇发展边界划定规范和标准尚未颁布。机构重组后，政府对规划的科学性提出了更高的要求。时任自然资源部总规划师庄少勤强调，国土空间规划将成为一种可感知、可学习、善治、自适应的智能生态规划。在此背景下，如何有效应对国土空间规划的新要求，运用先进的技术手段，探索划定城镇发展边界的科学方法，成为推动国土空间规划体系进一步完善和顺利发展的重要课题。

6.1.3　城镇增长边界研究仍需深入和完善

目前，学者对城镇增长边界的概念和内涵、划定原则、划定方法、实施机制等基本问题尚未达成共识，城镇增长边界与我国规划领域现有的空间管制方法的不同也缺乏区分。加上学术界对城镇发展边界的研究主要集中在政策属性、管理体制、内涵界定、技术方法界定等方面。这些研究大多以实践为导向，讨论从开发边界的理论引入实践和有效性。然而，关于城镇发展边界划定的价值层面并没有太多解释，大多停留在“为规划而规划”的阶段，并且城镇增长边界的划定也很复杂，需要综合考虑自然环境条件、生态安全格局、社会经济发展和相关政策。因此，有必要开展更深入的研究，总结经验，统一差异，做好衔接，更好地推动中国城镇增长边界的“划定”和“使用”。

6.2 相关编制成果与案例

“完善城市治理体系，提高城市治理能力”是中央城市工作会议的重要精神。当前，城市治理的体制机制还不够健全和完善，纵向分权和横向整合水平有待提高。在推进“多规合一”改革试点背景下，城镇开发边界不仅是一项城市治理公共政策的改革和创新，更涉及空间规划体系和规划管理体制机制的改革。城镇开发边界的划定和管理在根本上涉及国土资源空间的管控；在控制城市发展规模、保护国土资源和生态空间上涉及发展改革、城乡建设、国土资源、环境保护等部门的权责；在空间规划专业类型上涉及主体功能区划、城乡规划、土地利用规划和环境保护规划等；在政策和技术工具上包含国土部门划定的“三界四区”、城乡规划部门的“三区四线”，环保部门的“生态保护红线”等。在开发边界提出之前，已经形成的各种“边界”都没有能够遏制城镇的无序蔓延，多了一根线又能如何呢？由此看来，问题的关键不在于城镇开发边界怎么划，而是划线后怎么管理，或者更应该说城镇开发边界的管理目标和政策决定了开发边界应该怎么划定，包括由谁来划定、由谁来管理，以及开发边界划定的技术路线和成果表达等技术性问题。因此，城镇开发边界的划定及其管控需要放在当前深化城市管理体制改革的背景下，着力探索深化规划体制改革和完善城市治理体系对城镇开发边界的要求和影响。

6.2.1 “多规合一”的整合体系

全国城镇化工作会议提出要建立空间规划体系，推进规划体制改革。城镇开发边界线、耕地红线和生态红线成为空间规划体系的重要组成部分。对于如何构建空间规划体系，中央提出了具体指向并正在组织“多规合一”试点。2015年9月，中共中央、国务院联合发布的《生态文明体制改革总体方案》提出，“多规合一”就是要“构建以空间治理和空间结构优化为主要内容，全国统一、相互衔接、分级管理的空间规划体系，着力解决空间性规划重叠冲突、部门职责交叉重复、地方规划朝令夕改等问题”。国家发展改革委、自然资源部、生态环境部和住房和城乡建设部四部委联合下发的《关于开展市县“多规合一”试点工作的通知》，形成了三种不同的试点方案。其中，住房和城乡建设部负责联系8个试点市县，按照“发展战略+空间布局+实施策略”的思路，提出以城乡规划为统领，以空间坐标为核心，通过“五定”（定性、定量、定形、定界、定策），实现“五统”（统一发展目标、统一技术指标、统一空间坐标、统一图例标准、统一实施平台），实现各类规划的有机衔接，建立健全覆盖城乡、事权清晰、上下衔接的空间规划体系。

在地方开展试点的同时，“十三五”规划建议和中央城市工作会议对“多规合一”提出了新方向，即“以主体功能区规划为基础统筹各类空间性规划”，明确了“多规合一”的宏观路径，这是一个重要的改革方向。从主体功能区规划依据区块功能和资源环境评价要素看，城镇开发边界在空间耦合上可以包含优先开发区和重点开发区，而城镇开发边界的最大可能边界可以延伸到“限制开发区”。从城市总体规划来看，城镇开发边界的划定是在城镇建设用地适宜性评价的基础上，结合城镇资源要素承载力分析和城镇发展规模预测，确定城镇开发强度规模及边界线范围。开发边界与城市总体规划的“三区”（适宜建设区、限制建设区、禁止建设区，其中，中心城区还包括已建区）的关系一般表现为包含已建区，可包含适宜建设区和限制建设区，但不得进入禁止建设区。从与土地利用总体规划的衔接来看，城镇开发边界由于时效可超越土地利用总体规划的规划期限，因此可能突破城乡建设用地规模边界，进入土地总体规划的限制建设区，但不得突破禁止建设边界。在“多规合一”的情况下，城镇开发边界即土地利用总体规划的允许建设区+有条件建设区。在此基础上，按照韩青等（2012）提出的城市总体规划与主体功能区划空间耦合关系，主体功能区划的“优先开发区、重点开发区、限制开发区、禁止开发区”的四区分类与城市总体规划的“已建区、适建区、限建区、禁建区”在一定条件下可以形成空间对应关系。因此，在统一评价信息平台和坐标体系中就可以实现城镇开发边界与主体功能区、城市总体规划、土地利用总体规划的空间边界衔接，继而实现城镇开发边界规划一张图。在此情形下，城镇开发边界成为可进行城镇开发建设和禁止进行城镇开发建设区域之间的空间界线，是允许城镇建设用地拓展的最大边界。

6.2.2　“城乡统筹”的发展要求

随着《中华人民共和国城乡规划法》（以下简称《城乡规划法》）的实施，标志着我国打破了城乡二元结构，规划范围从城市为重点向城乡规划统筹转变。按照《城乡规划法》第二条，“规划区”是指城市、镇和村庄的建成区以及因城乡建设和发展需要，必须实行规划控制的区域。同时，《城乡规划法》明确了在城市、镇、乡和村各级规划区内的城市规划实施管理制度。城乡规划主管部门不得在城乡规划确定的建设用地范围以外做出规划许可。按照《城市规划编制办法》（2006年版）的要求，城市总体规划要确定规划区。同时，城市总体规划包括市域城镇体系规划和中心城区规划，中心城区规划控制范围应包括主城区、相关联的各功能组团和需要加强土地用地管制的区域。

当前对城镇开发边界没有规范性定义的情况下，城镇开发边界是否等同于城市建设用地的最大可能边界？

按照城乡统筹管理的要求，城镇开发边界应该在规划区范围内划定，从而将规划区划分为“可进行城市开发建设”（或者说是未来可为城市开发建设使用的用地）和“不可进行城市开发建设”的空间界线，与土地利用总体规划的“有条件建设区”衔接，包含存量建设用地和规划预留的增量建设用地。

依据《城乡规划法》，规划行政许可的范围在“规划区”内的建设用地上，实现规划行政许可的全覆盖。那么，按照当前城镇化快速发展的趋势，城镇化发展的重点地区将由中心城区转入中心城区外围的区县地区和小城镇。按照城乡规划全覆盖和城镇规划区行政许可的法律要求，一方面需要解决中心城区的开发边界内存在的集体建设用地的规划和管理问题，另一方面，对于中心城区外围周边的城镇建设用地，同样也应该纳入城镇开发边界，作为城镇开发边界的统筹管理范围。因此，城镇开发边界划定的不仅仅是单纯的“城市”开发边界，实际上还应该包含需要纳入规划管理的城镇建设用地的开发边界，统筹为城镇开发边界，适应城乡统筹规划管理的要求，并为中心城区周边集体建设用地在符合规划和用途管制的前提下“入市”提供规划管控的前提条件与法律依据。目前，武汉市对城镇开发边界实行“全域划”，从而解决了对城、镇建设用地的全域管控，也解决了集体建设用地的管控问题，满足城乡统筹规划的要求。

与当前城市总体规划审批制度和行政管理体制相对应，“全域”划定城镇开发边界是市级政府城乡统筹管理的需要，但在规划成果的表达和上报内容与形式上又可以依据事权划分，采取城镇开发边界“全域规模控制”和“边界分级划定”的方式来表达和管理，这部分内容将在后面结合事权改革的要求展开讨论。

6.2.3 “分层分级”的事权管理

《城乡规划法》明确了法定的城乡规划体系，同时又明确了各级行政部门的规划事权范围，形成了“一级政府、一级规划、一级事权”的工作机制，做到各级事权必须与职能对应。针对特大和超大城市，如北京、上海、天津、重庆等这类城市，包含着市域和市区两个空间规划层次，相应的有市级政府和区县级政府，以及镇政府和村庄多个行政层级。若规划部门的行政能力直接延伸到区县，那么规划事权应覆盖全市域。若存在市区两级规划行政部门，那么市级规划行政部门的事权常常是以市区为重点。相应地，这类特大城市往往形成了市区两级为主的多层级城市总体规划。按照城市总体规划编制方法，市域城市总体规划从战略上、宏观上和全局上对全市的城市性质、城乡建设用地规模、市域城镇体系结构、区域性重大交通市政基础设施布局、生态环境格局和空间管制等进行总体布局。同时，以中心城区或者城镇集中建设区为重点，对中心城区或集中建设区的各类用地布局进行具体布局。无论是规划深度还是成果表达，对中心城区外围的区县原则上只是确定发展定位、人口规模、重大设施布局，相应的区县地区城乡建设用地规模和布局由区县地区的总体规划确定。这种操作方法是维护市域总体规划战略性、权威性和稳定性，同时发挥区县地区积极性和主动性，明确市区两级政府事权的一种切实有效的规划管理模式。

按照“一级政府、一级规划、一级事权”的工作机制，以及规范各级政府权力清单和责任清单的要求，对城镇开发边界实施“分级管控”能较好地适应行政层级的运行机制，有效推动城镇开发边界的规划编制与实施管理。例如，以由国务院审批城市总体规划的大城市为例，在市域城市（或城乡）总体规划中确定全市域的城镇开发边界总规模，不划定全市域城镇开发边界的具体界线，而是只划定集中建设区（包括中心城区及需要重点管控的产业组团或功能区）的开发边界界线。这样，市域的开发规模和集中建设地区的边界是刚性管控内容，由国务院审批和管理；在此基础上，按照市域总体规划确定的城镇开发边界总规模，在区县地区的城乡总体规划中落实市域总体规划要求，划定区县地区的城镇开发边界，实现区县开发边界的空间落位，并通过省市级政府部门的统筹管理来确保各区县加总的总规模不突破上位规划要求。同时，区县的城镇开发边界管控由省市级政府管理，实现了开发边界的事权划分与责任划分的统一。这样，形成了中央政府、省市级政府、区县政府对城镇开发边界的权责划分，既有利于推进政府权力清单和责任清单改革，又有利于形成覆盖城乡、事权清晰、上下衔接的城镇开发边界管理机制。

6.2.4 “刚性”约束与“弹性”发展

划定城镇开发边界的出发点和落脚点是要通过刚性约束控制城市无序蔓延，保护城市生态环境和自然资源，确定城市开发建设的刚性管控范围，刚性城镇开发边界是城镇发展的底线，应该是永恒不变的。同时，我国正处于加速阶段的中后期，大部分中小城市城镇化建设将加快，而部分特大城市，特别是特大城市的中心城区城镇化发展将进入稳定阶段。另外，随着我国经济发展进入以市场为主导的“新常态”，城市发展面临较多的不确定性，依据现状发展条件和发展思路难以准确预测城市未来十年甚至二十年的发展情形，刚性城镇开发边界不可能一成不变，需要城镇开发边界保持一定的弹性尺度，根据社会经济发展的需求、地区发展差异，有序进行优化和调整。过于刚性的城镇开发边界管理既不符合我国地区发展不平衡、城镇发展差异大的特点，也不利于城镇长远的发展和规划的科学性与权威性。

我国城镇开发边界的划定应坚持“底线刚性控制、动态评估调整、管理弹性兼顾”的原则，对开发边界实行刚性与弹性相结合的管控方式。借鉴国外城市经验，例如波特兰通过“微调、主要调整、立法修正”三种模式对城市增长边界进行修订，圣何塞市划定永久性城镇开发边界，俄勒冈州在规划期20年的基础上每4~7年评估一次，我国应针对不同城市因地制宜地进行管理，刚性和弹性的关系通过“规划期限”和“界线调整”来体现，并配以“实施评估”和“审批权限”等制度化程序来管控。首先，城镇开发边界作为规划强制性内容，实施刚性管控。城镇开发边界一经确定，城市开发建设就不能“过线”。其次，城镇开发边界具备规划期限，以便具有可修改的能力，但最终的期限应指向我国城镇化达到稳定状态的期限。其中，对于500万以上人口的特大城市以及达到“稳定状态”的城市，或者达到稳定状态的超大城市的中心城区，城镇开发边界应指向永久边界。这也符合2016年国土资源部在《国土资源“十三五”规划纲要》中提出的“除生活用地及公共基础设施用地外，对超大和特大城市中心城区原则上不安排新增建设用地”的要求。

另外，城镇开发边界的界线应满足一定条件，如规划到期或者其他符合条件的情况下可以进行相应的调整。调整的方向是开发边界外的限制建设区。同时，控制调整程序和调整权限。在调整程序上，按照城市总体规划修改的程序要求，实施评估和修改申请，经过规划实施评估和专题论证报告后，经上级审批机关批准方可调整。在调整审批权限上，可依据事权划分和城市总体规划审批管理制度实行“分级管控”。例如，对于由国务院审批城市总体规划的城市，划定的开发边界进行调整的，调整范围属于中心城区或集中建设区的，由国务院进行审批；调整范围属于中心城区或集中建设区之外的，由省或直辖市政府进行审批。最后，实行“界线调整和规模调整”区别管理。对于不突破开发边界线的规模，只是界线范围的调整的，实行增减挂钩。在保证城市建设用地规模不变的前提下，可在不侵蚀生态红线、永久基本农田等刚性管控要素的条件外，调整城市建设用地边界线，并实行增减挂钩，且调整出的开发边界内用地主要用于满足城市基础设施和公共服务设施建设的需求，不可增加居住用地和产业用地。通过严格的程序管控和用途管制，强化对城镇开发边界的调整管理，实现开发边界刚性管控的目标。

6.2.5 总结

城镇开发边界是实现我国城镇建设由扩张型、蔓延式建设逐步转向存量型、内涵式发展的一项重要政策工具。在当前深化城市管理体制改革，提高城市治理能力的形势下，应更加关注其政策工具属性，加强城镇开发边界的规划与实施管理研究。城镇开发边界的管理体制机制不仅决定了城镇开发边界的划定技术和成果表达，更重要的是对于空间规划体系改革和推进“多规合一”试点具有重要意义。基于当前改革的“语境”，对城镇开发边界的管控要求进行分析，提出了城镇开发边界划定和管理的相关建议，即在管控要素和管理内涵上，应与主体功能区划、城市总体规划、土地利用总体规划等规划衔接，实现多规空间管控区划的空间统一；在管理政策上，通过规划期限和调整程序来体现刚性与弹性兼顾的要求；在划定范围上，应结合规划体系和行政管理机制，实行“全域统筹、分级管控”。城镇开发边界的划定已经作为一项重要工作要求正在全国展开，相关试点和实践也正在不断深化，城镇开发边界的划定与管理将由技术研究层面转向规划实施管理层面，相关的立法工作、行政机构改革、信息平台建设、税收政策等一系列问题仍需进一步研究和探讨，从而推进城镇开发边界被更加科学合理地加以认识、规范、划定和实施。

6.3 意义

一方面，建立国土空间规划体系并监督实施对城镇规划建设具有深刻的实践意义。我国规划工作中的城镇增长边界概念，可追溯到原建设部2005年颁布的《城市规划编制办法》。根据该办法，在城市总体规划纲要阶段要研究中心城区空间增长边界，提出建设用地规模和建设用地范围（第二十九条）。此后2008年国务院批准的《全国土地利用总体规划纲要》，也要求实施城乡建设用地扩展边界控制（第四章4.5节）。其共同背景是2000年后城市建设用地的快速扩张及中央政府对此的警觉。然而，当初的“增长边界”或“扩展边界”在城市总体规划和土地利用总体规划中的作用机制并不清晰。所以，在相关规章或规范性文件中，仅要求在规划编制过程中开展相关研究，并未就增长边界的划定作出具体规定，更没有提出在规划管理中应当如何落实。

另一方面，中央对城镇增长要设定边界控制的思路很认可。2013年中央城镇化工作会议明确要求“尽快把每个城市特别是特大城市城镇增长边界划定”。为贯彻中央城镇化工作会议精神，2014年7月国土资源部会同住房和城乡建设部召开了“划定城市开发边界试点工作启动会”。两部委共同确定了在14个城市开展划定城镇开发边界的试点工作。同时期，四川、陕西、安徽等省份也发布了地方性的城镇增长边界划定技术规定。通过这个阶段的实践，规划界对城镇开发边界的内涵和划定方法有了一定认识，但工作成效离中央要求还有较大距离。

2016年中共中央、国务院发布《关于进一步加强城市规划建设管理工作的若干意见》，再次提出了要划定城市开发边界，强调“引导调控城市规模，优化城市空间布局和形态功能，确定城市建设约束性指标”，是“依法制定城市规划”的一部分。2017年10月党的十九大报告则更全面地提出要“完成生态保护红线、永久基本农田、城市开发边界三条控制线的划定工作”。党的十九大以后，各项改革加快推进。2019年1月23日中央全面深化改革委员会审议通过了《关于建立国土空间规划体系并监督实施的若干意见》，并于5月23日公开发布。中央明确要求，在“多规合一”的国土空间规划编制工作中，要科学划定包括“城镇增长边界”在内的空间管控边界；要通过划定城镇增长边界，在边界内外实施差异化的国土用途管制制度。

引入城镇增长边界概念及落实“三线划定”，将其发展为空间开发管控的重要工具，这是中央关于建立国土空间规划体系决策部署的重要组成部分。新规划体系的建立对空间用途管制提出了更高的要求，同时也为相关制度和运作策略的创新提供了新的契机。

6.3.1　明确城镇增长边界在国土空间规划中的作用

划定城镇增长边界是市、县国土空间总体规划编制的一项重要工作。在“三条控制线”中，城镇增长边界的划定是重点也是难点。生态保护红线、永久基本农田主要从自然本底条件和生态价值、农耕价值出发，更为突出保护和维系好山水林田湖草生命共同体；城镇增长边界的划定既要考虑自然本底因素和顺应自然地理条件，又要结合城镇发展的需求，优化城镇的功能布局和空间形态；既要防止城镇无序蔓延，也要给未来发展留有余地。

一方面，在学理上可将城镇增长边界的作用解释为城镇建设不得逾越的控制红线。在时间维度上则是指本规划期，甚至下一规划期的开发边界。对特大、超大城市，以及某些山谷型、河谷型城市，应研究划定永久性开发边界。对于因国家重大战略、重大项目建设、行政区划变化等原因，确实需要调整城镇增长边界的，应组织专题论证，并按照市、县国土空间总体规划的调整程序严格审批。

另一方面，城镇增长边界应适当大于规划建设用地范围。在规划建设用地范围外留有一定比例的弹性空间，其目的在于为规划建设用地的具体使用及建设项目选址留有一定弹性，即在不突破规划城镇建设用地规模的前提下，经法定程序允许在城镇增长边界内调整布局，以优化土地使用。

城镇增长边界的作用明确后，还要据此制定城镇增长边界的划定办法，如城镇增长边界所围合的面积与规划城镇建设用地的面积比例关系，集中和分片划定的关系，边界内布局调整的规则等。

6.3.2 赋予城镇增长边界综合性内涵

正如一些学者所指出的，城镇增长边界不仅是一条“技术线”，更是一条政策线，是促进城乡空间协调发展的空间治理工具。国土空间规划体系的建立是一项系统性的工作，既要重视规划编制，更要重视规划实施及相应的体制、机制建设。在新体系的运作中，城镇增长边界应“从早期单纯地控制城市蔓延、保护耕地，转向兼有控制城市扩张、促进城市转型发展、主动塑造美丽国土空间的综合作用”；“城镇增长边界内外应该对应的是一系列更为复杂、综合的城市、乡村空间管治政策”。据此，可以认为城镇增长边界应被赋予更为综合的内涵，而不局限于技术性划线；包括城镇增长边界在内的“三线划定和落实”，是生态文明时代背景下优化国土空间开发保护总体格局的刚性底线；是整合多部门政策和真正实现“多规合一”的空间发展框架，要对各类资源保护利用、城镇或乡村规划建设发挥综合指导和管控作用；在划线的背后应是产业发展、财政支出、设施供给、社会治理、生态管控等一系列配套政策和责任机制。

6.3.3　体现层级传导的城镇增长边界划定与管控

根据《关于建立国土空间规划体系并监督实施的若干意见》，国土空间规划体系具有“分级分类”的特点。其中，对应我国的五级行政管理体系，自上而下编制全国、省、市县以及乡镇级国土空间规划，分级原则体现在“全国国土空间规划侧重战略性”“省级国土空间规划是对全国国土空间规划的落实，指导市县国土空间规划编制，侧重协调性”“市县和乡镇国土空间规划是本级政府对上级国土空间规划要求的细化落实，是对本行政区域开发保护作出的具体安排，侧重实施性”；此外，“上级自然资源主管部门要会同有关部门组织对下级国土空间规划中各类管控边界、约束性指标等管控要求的落实情况进行监督检查”，按照“谁审批、谁监管”的原则，“管什么就批什么”。由此可见，新的国土空间规划体系非常强调层级传导，下一层级规划是对上一层级规划的落实和细化。落实上述规定和原则，在新规划体系的具体运作制度设计中应明确规定，上级政府制定的国土空间总体规划要对下级国土空间总体规划中的城镇增长边界划定提出具体要求，同时也要上下结合；城镇增长边界一旦确定和批准，下级政府应认真执行，上级政府要严格监管。下级政府在规划实施及后续的规划修编中，必须严格遵守既定的城镇增长边界，不得随意更改；如确需要改变的，必须按同级国土空间总体规划的调整程序报请原审批政府批准。这样的安排既体现了新规划体系的上下传导和监管原则，由此也可避免同一级地方政府既主导编制本级市县国土空间总体规划，又自主划定其城镇增长边界的悖论。尽管下级规划原本就需要由上级政府审批，但若不事先对下级规划编制中关系到全局的空间要素提出明确要求，诸如各类管控边界、约束性指标等，规划协调的难度就会增大，甚至会导致空间发展和保护的失控。这方面以往有很多经验教训。当然，由于不同层级的规划精度存在差异，城镇增长边界划定的层级传导也不应僵化，而是需要有一定弹性，并有一个上下互动的过程。省级政府或可从区域协同、城镇体系格局和城市群建构等角度，提出省域内主要城市的开发边界划定目标和控制要求。地级市政府首先需落实和细化省级国土空间规划提出的要求，同时统筹协调市域范围内城镇增长边界的划定工作，包括划定市辖区和市域重点发展地区的城镇增长边界，以及对所辖县市城镇增长边界提出原则要求及划定方案。县级政府则应依据市级国土空间总体规划提出的划定方案，加以落实和细化，并反馈至上级；同时会同各乡镇政府划定乡镇国土空间规划中的乡镇集中建区的开发边界。

第三部分　应用案例

第七章　基于ANN-CA方法的都江堰增长边界划定

本章将在充分考虑都江堰市城镇用地系统特点的基础上，基于系统动力学相关理论，构建都江堰市城镇建设用地动态仿真模型，从系统的角度动态仿真模拟都江堰市城镇建设用地配置与社会经济发展模式，对系统变量选取不同的数值并加以匹配，将都江堰市城镇建设用地规模发展模式分为四种，最终通过系统动力学仿真模拟，得到2035年都江堰市各情景发展下的城镇用地规模。

7.1　研究区概况

7.1.1　自然地理概况

7.1.1.1　地理位置

都江堰市隶属于四川省成都市下辖的县级市，位于四川省中部，成都平原西北边缘，距离成都市48km，属成都“半小时经济圈”。都江堰的位置介于东经103°25′42″~103°47′00″、北纬30°44′54″~31°22′09″之间，东西宽34km，南北长68km，共辖6个街道和5个镇。东与彭州市、温江区、郫都区相连，南与崇州市接壤，西北与阿坝藏族羌族自治州汶川县交界，全市辖区面积为1208km²，占成都市总面积（14335km²）的8.4%（图7-1）。

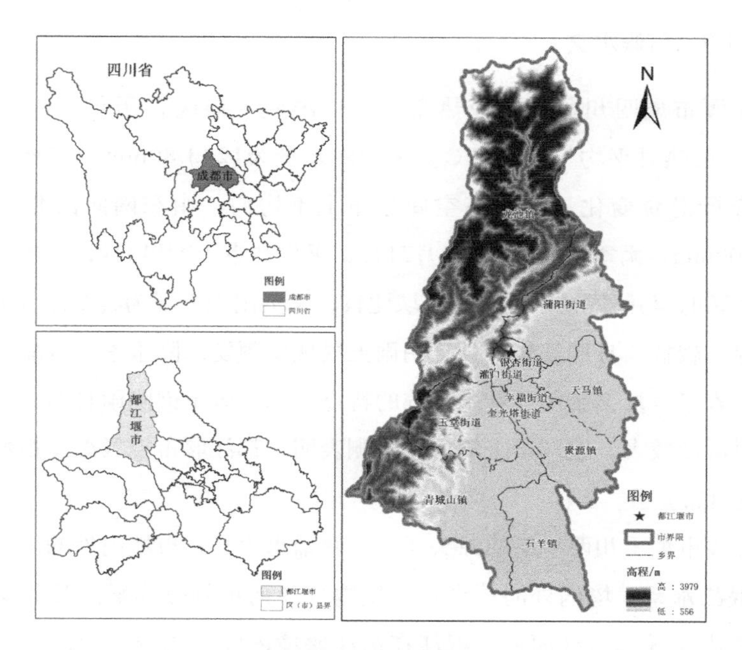

图7-1　研究区位置示意

7.1.1.2　地形地貌

山地与平原属于两个不同的地理单元，两者相交的地带属于山地平原过渡带。都江堰市地跨川西龙门山中南段褶皱地带和成都平原岷江冲积扇扇顶部位，在中国大地貌划分的3个阶梯中属于第一阶梯的东缘，即从第一阶梯的青藏高原向位于第二阶梯的四川盆地过渡的典型山地平原过渡带。都江堰市在地质构造体系上，属于华夏构造体系，地质结构相当复杂，从元古界至第四系都有地层结构出现。市境内东西向高程变化剧烈，地势由西北至东南呈阶梯分布，依次为高山、中山、低山、丘陵和平原。市境内海拔592~4582m，最大相对高度差3990m，其中最低处为柳街镇清凉村三滴水，海拔592m，最高处为龙池镇光光山、海拔4582m。境内山地丘陵面积占65.79%，平坝面积占34.21%，地貌特征可概括为“五山二丘三分坝”。

7.1.1.3 气候水文

都江堰市属四川盆地中亚热带季风性湿润气候区，历年最冷月平均气温4.6℃，最热月平均气温24.4℃。平均降水量为1243.80mm，年降水量分配不均，年际总量变化不大；在空间分布上不均匀，由东南向西北，幅度在1100~1800mm；雨季平均开始于5月21日，平均结束于9月14日；一次降雨持续最长日数20d。与同气候带的其他区域比较，又突出地表现为其温度（天气、土温、水温）较低，日照量较少，且阴雨天气现象频发。降水季节分配不均，出现冬干、春旱、夏多暴雨、秋雨连绵的特点。都江堰市因降雨日多，且河渠密集，所以湿度较大。近30年来的气象监测表明，都江堰市空气湿度指数低于成都市各区（市）县。

都江堰市位于川西平原的源头区（紫坪铺水库），市境内外的江河很多，均属于岷江水系；境内外河渠纵横，境内外江河可划分为岷江及其支流、人工灌渠和山溪等季节性河道。岷江在都江堰境内外可划分为两段，总长度约50km，岷江至都江堰鱼嘴由内江和外江组成，有支渠65条，291km；斗渠187条，611km，各级渠系总长3786km。都江堰境内有水库两座——龙池水库和蒲阳镇团结水库。都江堰市地处岷江中上游流域段，由于岷江上游森林面积的减少，近年来水量有逐年减少的趋势。

7.1.1.4 土壤植被

自然界中的土壤一般分为地带性土壤和非地带性土壤，都江堰市的基带地带性土壤主要是黄壤，非地带性土壤与形成的母质密切相关。都江堰市因为在平原地带，在第四系冲洪积物的大规模笼罩下，受非地带性原因的直接影响，土质主要以冲积土、水稻土等居多，也有部分紫色土分布。紫色土是亚热带和热带气候条件下由紫色岩风化发育而形成的一种非地带性土壤，集中分布在四川盆地丘陵区和海拔800m以下的低山区，在滇、黔、苏、浙、闽、粤、桂等省区也有零星分布，但以四川盆地最为集中、面积分布最大、最具代表性。紫色土壤可作为植物的生产基地和农业的基本生产资料，是四川仅次于水稻土位居第二的耕作土壤。

都江堰市属亚热带湿润常绿阔叶林地区域，是川西平原植被和龙门山植被两大植物区系的交错地区，垂直带谱完整，代表着横断山区北段类型。区域内已被记录的高等植物达3000余种，被中国科学院列为全国生物多样性“五大基地”之一。

7.1.1.5 自然资源

作为国家级生态示范区，都江堰是我国生物多样性的代表地区，拥有“四川大熊猫栖息地”世界自然遗产、“龙溪—虹口国家级自然保护区”，既是保护生物多样性的重要基地，也是展示生物多样性的窗口。得天独厚的地理位置条件使都江堰的植物类型和生物物种十分丰富，主要体现在动物物种资源丰富，都江堰记录的有国家一类保护动物12种，脊椎动物568种，占全国种数的8.2%。其中兽类有98种，占兽类种数的16.8%，在全国范围具有相当的物种优势；中医药材资源丰厚，共计900多种，其中，以盛产黄柏、杜仲、厚朴、川芎等闻名，为全球中药用植物品种的重点产区之中。花木自然资源丰厚，木本观花木以山茶、杜鹃等品种为主，当中，可供观赏的杜鹃花达427种，为全国最大的杜鹃栽培基地。矿产资源有十多种，有金、铜、铁、锑、煤、磷、硫黄、石棉、石灰石、白云岩、石英岩、铅锌矿、耐火砂石等。

7.1.2 社会经济概况

7.1.2.1 人口与城镇化

全市2015年底户籍人口数量为 62. 05 万人，常住人口数量为68. 02 万人，城镇化率为55.86%，其中农业人口近38万人（常住人口），农村常住居民人均可支配收入16505元。

全市2020年底户籍人口数量为62.05万人，常住人口数量为71.01万人，城镇化率为61.49%；全年出生人口数量为4194人，死亡人口数量为4302人，人口自然增长率为－0.17‰。

全市2021年底户籍人口数量为62.39万人，常住人口数量为71.74万人，城镇化率为62.3%。全年出生人口数量为3245人，死亡人口数量为4109人，人口自然增长率为－1.32‰。全市共有少数民族32个，主要是藏、羌、回三种少数民族。

自2005年以来，随着都江堰市城镇化率的不断上升和农村土地综合整治、增减挂钩等工作有序推进，特别是在汶川地震之后，农村居民点空间布局和形态发生较大变化，但人均用地面积依然远超国家最高标准。这种现象表明，城市化进程的加快使我国城乡面貌发生变化，也不可避免地对自然生态环境带来负面影响；农村居民用地不降反升会在不同程度上挤占农村生态空间。因此，合理划定城镇增长边界以此来优化城镇空间、缓解城镇无序扩张是解决该问题的有效手段之一，它能够在推动城镇合理发展的同时，还能保护城镇的生态敏感区，对城镇健康可持续发展有着重要意义。

统计研究区人口和城镇化率变化情况，结果显示见表7-1，2005—2020年全区人口持续增加，常住人口在16年间总计增加6.46万人，人口自然增长率波动变化。都江堰市城镇化率由2005年的42.74%，提高到2020年的61.49%，平均每年提高近1%，根据纳瑟姆曲线规律，当前都江堰市正处于城镇化发展水平的中期阶段，即加速提升阶段。

表7-1　研究区人口和城镇化率

年份	户籍人口（万人）	常住人口（万人）	人口自然增长率（‰）	城镇化率（%）
2005	60.25	64.55	-0.35	42.74
2010	60.96	65.8	0.17	48.27
2015	62.05	68.02	1.04	55.86
2020	62.05	71.01	-0.17	61.49
2021	62.39	71.74	-1.32	62.3

注：2005—2021年数据均来源于《都江堰市国民经济和社会发展统计公报》；城镇化率指城镇常住人口城镇化率。

7.1.2.2　经济与产业结构

2020年，都江堰市依然没有停下旅游品牌创建。当年，都江堰市获评“2020年中国文旅融合发展名县（区）”，成为四川省内唯一一个获此奖项的城市；连续三年入围“中国县域旅游综合竞争力百强县市”，成为全国旅游经济复苏的“典型样本”。期间，李冰文化创意旅游产业功能区持续发力，引进普罗·杉杉奥特莱斯等11个重大项目，总投资550亿元的融创文旅城六大业态全面开业，在3个月时间里就接待游客近400万人次；青城山旅游装备产业功能区产业布局持续优化，完成工业投资58.8亿元，实现工业增加值增长10.5%；都江堰精华灌区康养产业功能区生态价值持续转化，开工建设蓝城文创小镇、国家农业公园等15个项目，“都江堰猕猴桃”品牌价值超19亿元。

2020年全市区域生产总值（GDP）为441.7亿元，比上年增长4.1%。其中，第一产业增加值为36.76亿元，增加了3.5%；第二产业增加值为146.27亿元，增长了3.3%；第三产业增加值为258.66亿元，增长了4.9%。三次产业结构比例为8.3：33.1：58.6，对国民经济增长发展的贡献率分别是6.2%、33.2%、60.6%，分别拉动GDP增长0.26个、1.36个、2.48个百分点。按常住人口计算，人均地区生产总值为62202元，增长了3%。通过统计计算都江堰市地区生产总值及三次产业结构比（表7-2），从城市总体经济发展规模分析，都江堰市地区生产总值从2005年的84.02亿元，上升到2020年的441.7亿元，年均增速达到22.3%，而成都市平均年增长率为30.8%，都江堰市略低于成都市的年均增速。伴随着经济规模的增长，都江堰市产业结构不断优化，2005年都江堰市第二和第三产业比重相当，第三产业比重略高于第二产业，经过16年的发展，第一比重明显下降，下降5.8%，第三产业比重增加趋势显著，共增加8.3%，第三产业发展已占主导地位。

2021年全市区域生产总值（GDP）为484.28亿元，比上年增长7.1%。其中，第一产业增加值为37.77亿元，增加了4.3%；第二产业增加值为160.23亿元，增长了6.1%；第三产业增加值为286.27亿元，增长了8%。三次产业结构比例为

7.8∶33.1∶59.1，对国民经济增长发展的贡献率分别是5.1%、28.6%、66.4%，分别拉动GDP增长0.36个、2.03个、4.71个百分点。年末全市共有“四上”企业354家。其中，规模以上工业113家；资质以上建筑业55家；资质以上房地产业61家；限额以上商业93家；规模以上服务业32家。

表7-2　都江堰市地区生产总值及三次产业结构比

年份	地区生产总值（亿元）	三次产业结构比
2005	84.02	14.1∶35.6∶50.3
2010	143.5	12∶35∶53
2015	275.38	8.6∶37∶54.4
2020	441.7	8.3∶33.1∶58.6
2021	487.28	7.8∶33.1∶59.1

注：2005—2021年数据均来源于《都江堰市国民经济和社会发展统计公报》。

7.1.2.3　旅游资源

都江堰市旅游资源丰富，是全国屈指可数的“三遗产城市”之一。“三遗产城市”主要是指2000年联合国教科文组织把青城山-都江堰列入世界文化遗产；2006年入选世界自然遗产——四川大熊猫栖息地的重要组成部分；2018年被正式列入世界灌溉工程遗产名录。

在著名的世界文化遗产——青城山-都江堰景区，感受巴蜀文化的魅力及中国古代人民的智慧，青城山位于中国四川省成都市都江堰市，景区面积200km^2，最高峰老君阁海拔1260m，为中国道教名山之一。青城山分为前山和后山，群峰环绕起伏，林木葱茏幽翠，享有“青城天下幽”的美誉。青城山地质地貌独特，植被茂密，气候适宜，林木葱翠，层峦叠嶂，曲径逶迤，境内有峡谷栈道、渊潭水帘、灵谷飞瀑、岩穴石笋等自然景观500余处；都江堰坐落于中国四川省成都市都江堰市，是世界文化遗产、举世闻名的中国古代水利工程。这里景色秀丽，文物古迹众多，主要有都江堰水利工程、伏龙观、二王庙、安澜索桥等。都江堰渠首工程位于青城山麓的岷江干流上，是公元前250年蜀郡太守李冰父子在前人鳖灵开凿的基础上组织修建的大型水利工程，由鱼嘴、飞沙堰、宝瓶口三大工程组成。“岷江遥从天际来，神功凿破古离堆。恩波浩渺连三楚，惠泽膏流润九垓。”2000多年来，都江堰渠首工程一直发挥着防洪灌溉的作用，至今灌区已达30余县市、面积近千万亩，使成都平原成为沃野千里的“天府之国”；再有便是拥有都江堰近两千年历史记载的灌县古镇，被誉为“山水入怀、生活道场”，以厚重的文化积淀、特有的山水风情和浪漫的生活情调吸引四面八方的来客，古城按照“世界水文化旅游古城”主题定位，以“水为魂、文为脉、商为道、游为本”的原则进行规划布局；更有闻名全球的中国大熊猫基地、中国熊猫谷，该景区已被建设为集科学、教育、旅游观光、中国熊猫文化于一身的国际性生态自然保护区，园区内资源类型数量众多、规模宏大、历史文化内涵丰富，使大自然景观和人文科学自然景观共同融为一体，特点突出。

7.1.2.4 对城市规划的解读

1979—1981年属于都江堰市城市规划起步期。在此期间，都江堰市完成了中华人民共和国成立后的第一次城市规划编制工作，将都江堰市的城市性质定为风景旅游型城市，本版城市总体规划奠定了都江堰市城市基本格局。1990—1993年属于都江堰市城市规划探索期。在此期间，都江堰市相继被批准成为首批历史文化名城、成都市第一个省级旅游度假区、四川省第一座国家级森林公园和四川省经济十强县，城市规划随之更新。相较于上一版总体规划，丰富了对城市性质的描述，把都江堰市按照城市性质界定为国家历史文化名城、风景旅游型城市、川西水利枢纽和川西北经济重镇，同时细化了上一版总体规划笼统的四大功能分区，以城镇为主导划定功能区。

2008年属于都江堰市城市规划的转折期。都江堰市受到地震带来灾害的同时，也为城市规划调整带来新的机遇。《都江堰市灾后重建总体规划（2008—2020年）》突出都江堰市灾后重建典范城市的城市性质描述，塑造“一体两翼、北山南田”的空间结构，如图7-2（a）所示，其中“一体两翼”分别为主城区和东西两翼的乡镇；“北山南田”为北部的山地旅游带和南部的平原农业带。2018年属于都江堰市城市规划的转型期。为推进成都市“西控”战略的实施，都江堰市编制了新一轮城市总体规划——《都江堰市城市总体规划（2017—2035年）》，规划落实了都江堰市主体功能定位，明确了都江堰市发挥重要的生态屏障和水源涵养功能。到2035初步建成和谐宜居的现代化国际旅游城市。规划形成“双心两区、三轴九河”的城市空间结构，如图7-2（b）所示，其中“双心”为主城区旅游核心和青城山旅游服务中心；“两区”为大青城沿山旅游发展区和田园生态发展区；“三轴”分别为沿水特色发展轴、沿龙门山控制发展轴和沿青城山控制发展轴；“九河”为市域范围内九条主要河流。如图7-2（c）所示，在总体规划中提出对城市生态环境影响的发展要求，限制城市发展规模；减缩近山建筑规模，减缩滨水建筑体量；改善都市公共服务功能，改善全域旅游体验；调整优化城市空间结构形态，优化产业空间布局。对未来的城乡用地空间要调整优化城市居住用地格局，健全公共服务配套，拓展城市公共绿地，推动职住平衡，提升城市人居环境。如图7-2（d）所示，在划定城镇开发边界方面，总体规划要求科学划定，在严格管控城镇建设空间的同时，实现城镇集约高效发展，遏制“摊大饼式”发展。

7.1.3 城镇发展概况

都江堰市域面积为1208km^2，有银杏、奎光塔、幸福、灌口、蒲阳、玉堂6个街道办事处；聚源、天马、龙池、青城山、石羊5个镇。各乡镇（街道）相关基本情况如表7-3所示。

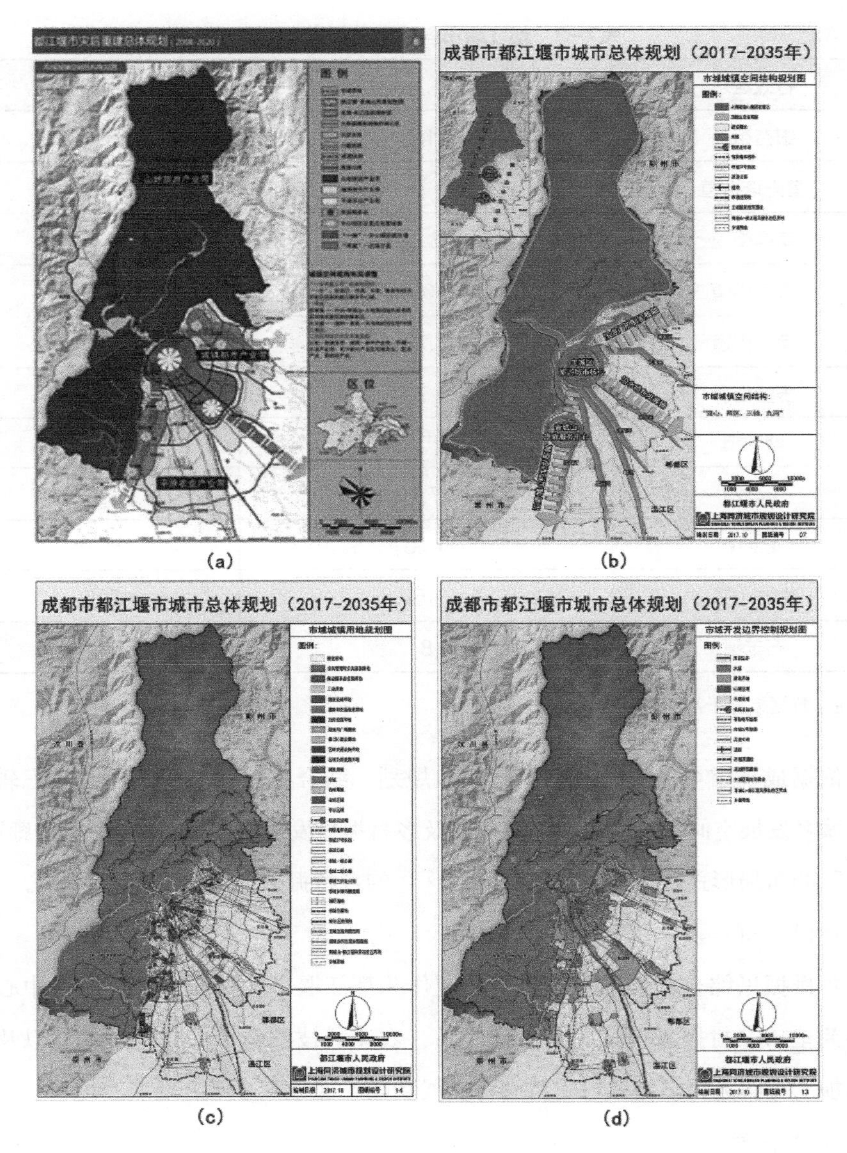

图7-2　都江堰市城市总体规划

图片来源：图7-2（a）来源于《都江堰市灾后重建总体规划（2008—2020年）》图集；图7-2（b）、（c）、（d）来源于《都江堰市城市总体规划（2017—2035年）》图集。

表7-3　都江堰市各乡镇（街道）概况

行政区划	人口（万人）	幅员面积（km^2）
银杏街道	10	15.22
奎光塔街道	1	13.8
幸福街道	13.59	14.53
灌口街道	10.7	17.1
蒲阳街道	3.78	114.4
玉堂街道	5.78	94.63
聚源镇	5	34.2
天马镇	7.1	78.8
龙池镇	1.73	486.05
青城山镇	15	206
石羊镇	8	97.1

注：数据来源于都江堰市人民政府网站。

依据成都市乡村振兴战略空间发展规划，结合都江堰“双心两区，三轴九河”城乡发展空间、产业功能区规划以及乡村振兴发展需要，采取“中心+廊道+片区”的布局形式，形成“一心两廊三区”的乡村振兴空间格局（图7-3）。

（1）一心

乡村振兴综合服务中心：以主城区作为都江堰市乡村振兴综合服务中心，主要为全市乡村振兴提供农村土地交易、农业科技创新、农村金融保险以及农产品加工等服务，强化城市支持农村发展功能，促进城乡融合发展。

（2）两廊

大美田园乡村振兴示范廊：贯穿天马-胥家区域、聚源-崇义区域和石羊-柳街区域，形成展示农业园区和大美田园风光的乡村振兴示范廊。

图7-3　都江堰市乡村振兴发展规划

图片来源：《都江堰市乡村振兴空间格局（2008—2020年）》图集。

蜀山乡韵乡村振兴示范廊：贯穿蒲阳-向峨区域、银杏街道、灌口街道、龙池镇、玉堂-中兴区域、青城山-大观-安龙区域，形成展现龙门山前乡村旅游景观和村庄建设的蜀山乡韵乡村振兴示范廊。

（3）三区

都江堰精华灌区康养产业功能区：依托国家级田园综合体、国家农业公园、高标准农田等资源，大力发展优质粮油、猕猴桃、蔬菜等农业产业，整合川西林盘、天府绿道、灌区印象、七里诗乡、玫瑰花溪谷等资源，发展观光农业、创意农业等乡村旅游产业，打造以农业为主、旅游为辅的产业融合、产村融合乡村振兴示范区。

李冰文化创意旅游产业功能区：依托成都融创文旅城、大熊猫国际生态旅游度假区、青城山-都江堰风景名胜区等旅游文化资源，以熊猫文化、道文化为主题，发展文化创意、康养度假、主题游乐、医疗健康等产业带动乡村振兴。

青城山旅游装备产业功能区：依托旅游装备制造产业，结合高山峡谷旅游度假区和浅丘运动养生度假区，大力发展高山滑雪、山地极限运动、漂流探险、河谷观光、运动养生、彩叶林观光、猕猴桃庄园度假、禅修静养等产业带动乡村振兴。

7.1.4 土地利用现状

统计都江堰市2005—2020年土地利用变化情况（表7-4），2005年林地面积最大，占52.37%。16年间，都江堰市的耕地、林地和草地面积均表现出降低的态势，依次减少21.21km^2、10.48km^{2}和1.25km^2，但水域、城乡、工矿、居民用地及建设用地和未利用土地面积表现出增长的趋势，依次增加了6.81km^2、16.31km^{2}和9.16km^2，16年间，耕地面积减少和建设用地增加最明显。

表7-4　都江堰市土地利用类型和面积（单位：km²）

年份＼地类	耕地	林地	草地	水域	城乡、工矿、居民用地	未利用土地
2005	436.98	643.08	32.13	13.67	80.18	2.7
2010	420.59	632.49	30.68	20.56	92.76	11.65
2015	417	633	30.97	20.33	95.53	11.91
2020	415.77	632.6	30.88	20.48	96.49	11.86

注：2005—2020年土地利用类型数据来源于中国科学院资源环境科学与数据中心。

7.2　研究方法概述

7.2.1　研究方法

城镇增长边界在促进城镇可持续发展、保护城镇外部空间和生态自然环境等方面具有重要作用，而科学的UGB划定方法是当前研究的热点问题。本章主要以都江堰市城镇增长边界划定为主要研究对象，为实现划定都江堰市城镇增长边界的目的，从定性和定量的视角出发，对都江堰市城镇空间展开了分析与研究，根据研究相关数据的可获得性，并综合使用各种科学技术方法，划定了都江堰市“刚性”和“弹性”城镇增长边界，本节重点从以下几个方面对城镇增长边界展开探讨。

（1）用地适宜性评价研究

适宜性评价是划定UGB的主要方法之一，本书基于都江堰市的实际情况，根据城市的自然特征和规划政策，从生态环境、资源、交通区位等方面对研究区域开展用地适宜性评价，通过计算生态敏感性、生态服务价值和禁止开发区划定生态保护红线，结合水域用地得到生态安全格局。研究得出评价结论，通过对用地适宜性评价结论的分析，划定城镇增长刚性边界，对城市规划的禁止建设区和允许建设区做出具体的界定。适宜性评价是通过GIS叠置分析对城市用地进行适宜性评价或构建生态安全格局，最终划定综合UGB。本书基于都江堰市的实际情况，根据城市的自然特征和规划政策，选取自然生态、经济、社会发展和地理区位等多元因素作为用地适宜性评价因子，并采用层次分析法计算得到各类因素的相对权重。最后利用适宜性评价公式，在ArcGIS 10.8软件中得到评价结果图，为最后划定都江堰市城镇增长刚性边界奠定基础。

（2）城镇建设用地规模仿真模拟预测研究

对城镇建设用地规模的预估，通常是基于系统动力学（System Dynamics，SD）模型，结合2005—2020年历史年的相关自然、社会经济数据，建立都江堰市城镇建设用地规模仿真模拟系统，从系统分析的角度动态仿真模拟预测出2035年不同政策与发展情景下的未来城镇建设用地规模，探讨多情景下城镇建设用地随社会、自然条件发展的变化趋势。

（3）城镇增长边界划定的空间扩张驱动因素分析

对城镇增长边界的空间扩张驱动影响因素进行研究，即对城镇扩张影响因子的分析，城市内部扩张驱动因子的选择对于模拟精度具有重要影响。根据本书所采用的边界划定方法，通过选择适合都江堰市的自然资源因子、社会经济因子、交通运输因子等影响因子，来分析对城镇增长边界的影响因素，为以后的城镇增长边界的划定提供了基础。

（4）基于SD-ANN-CA模型的都江堰市城镇增长边界的划定研究

城镇增长边界（UGB）能够控制城市空间的无序蔓延并引导城镇合理增长，多发展情景下的UGB是对不同规划条件下城市未来发展空间范围进行界定的常用方法。元胞自动机（CA）模型能对未来城市发展进行动态的预测，并已广泛应用于UGB的划定中。然而，目前的方法和模型大多只针对单一的城市发展情景进行UGB的划定，较少能对未来多种发展情景下的UGB进行准确划定。因此，针对这个问题，本章基于用地适宜性评价结果划定都江堰市城镇增长刚性边界构建SD-ANN-CA模型。首先通过输入2015年与2020年的都江堰历史土地利用数据和相关发展动力因素来完成人工神经网络学习，然后完成神经网络的训练阶段，输出各类因素对土地元胞状态转变成城镇空间的影响权重，并建立了元胞自动机的转换规则；输入各类土地使用与发展的动力影响因素，完成对UGB仿真模拟有效性检验，并设置了四种不同的情景，从时间尺度和空间角度加以模拟预测。基于系统动力学模型对城镇建设用地规模的预测结果，利用所构建的SD-ANN-CA模型进行训练与检验，并对模型的精度进行评价，得到2035年四种发展情景下的城镇扩张空间，最后划定都江堰市城镇增长弹性边界。

本章依据系统动力学理论，综合考虑都江堰市人口、社会经济等发展的变化趋势并构建动态仿真模型，从而得到都江堰市城镇用地规模的演变趋势，最终预测多情景下的都江堰市城镇用地规模。SD-ANN-CA等模型的组合可以预测多向变化，并且比仅处理单向过渡变化的模型得到更好的结果。这些方法能够很好地补偿多目标优化中模型空间优势不足的问题，可以识别城镇建设用地规模扩张的潜在生态环境响应（Liang X，2017），并模拟未来城镇建设用地的空间布局，仿真成果还可以为城市空间高质量发展提供信息参考。本书尝试将SD-ANN-CA模型进行精度验证后，将方法应用于都江堰市2035年多种情景下的城镇建设用地发展模拟和UGB的确定中，从而为UGB的发展规划给予了方法上的参考。

（5）GIS空间分析法

GIS作为保存、分析研究和管理地理空间数据及信息的高效技术工具，近年来已被广泛应用于城市规划和地理空间等有关领域的科学研究。由于其对数据分析的精准性和直接性，本书选择ArcGIS 10.8软件为操作平台，以处理相关矢量数据，为完成ANN-CA模型的预测和模拟奠定基础。

（6）空间模型法

使用空间模拟技术可将复杂的地形运动过程加以仿真建模，从而确定其发展规律，并有助于预见未来城镇土地的发展趋势。本章基于ANN-CA模型能够模拟城镇空间扩张现象的特性进行模型的搭建，以期预测城镇扩张空间，达到对UGB预测的目的。

7.2.2 ANN-CA模型研究

元胞自动机（CA）是由计算机之父——冯·诺依曼在20世纪50年代初期开发的。元胞自动机由相同大小的元胞组成，依靠邻域的交互规则在一定时期内可以更新。每个元胞的状态由预期的相邻元胞状态决定。它可以表示为一个数学公式（7.1）：

$$S_{t+1}=f(S_t,R) \tag{7.1}$$

式中，S_t和S_{t+1}表示t和$t+1$时刻的元胞及其邻居的状态，R表示变化规律。ANN-CA进行模拟的主要步骤如下：

1）为仿真定义神经网络的输入影响因素，模拟是基于元胞的，每个元胞都有一组属性（空间变量）作为神经网络的输入。

2）需要为模型提供过去一段时间中初始和最终的土地利用变化的栅格图像，系统会计算两者之间每个空间变量的相关性。同时，通过计算还获得了表达从一个类别用地类型到另一个类别用地类型变化的转化适宜性矩阵。

3）转移概率由ANN建模。神经网络结构由三层组成，即输入层、隐藏层和输出层，如图7-4所示。转移概率的数学公式（7.2）可以表述为元胞k在时间t的土地利用类型转换概率：

P=随机因子×人工神经网络计算概率×土地开发密度×转换适宜性

4）在获得土地转移概率后，通过CA模拟对土地利用变化进行转化。

5）用均方误差（MSE）数值对某一年实际（参考）和预测（模拟）土地利用进行验证，并试图将误差控制在一定范围之内。

6）检验后，通过之前的设定，对未来一段时间内的土地利用情况作出预测。在模拟未来土地利用的变化趋势时，神经网络使用相同的权重值（Muhammad Hadi Saputra et al.，2019，Quanli Xu et al.，2021）。

$$P(k,t,l)=[1+(-\ln y)^{\alpha}]\times P_{\mathrm{ANN}}(k,t,l)\times\Omega_{k}^{t}\times\mathrm{con}(S_{k}^{t})\qquad(7.2)$$

式中，$(-\ln\gamma)^{\alpha}$ 为随机影响因素；$P_{\mathrm{ANN}}(k,t,l)$是经过训练的人工神经网络计算出 k 时间 t 时刻第 l 种土地利用类型的转换概率。

本章通过输入2015年和2020年的都江堰市土地利用数据进行人工神经网络部分的监督学习，输出各类因素对土地元胞状态转变成城镇空间的影响权重，形成元胞自动机的转换规则；再输入与土地利用相关的各种驱动因素，完成对2035年都江堰市城镇增长边界的预测。

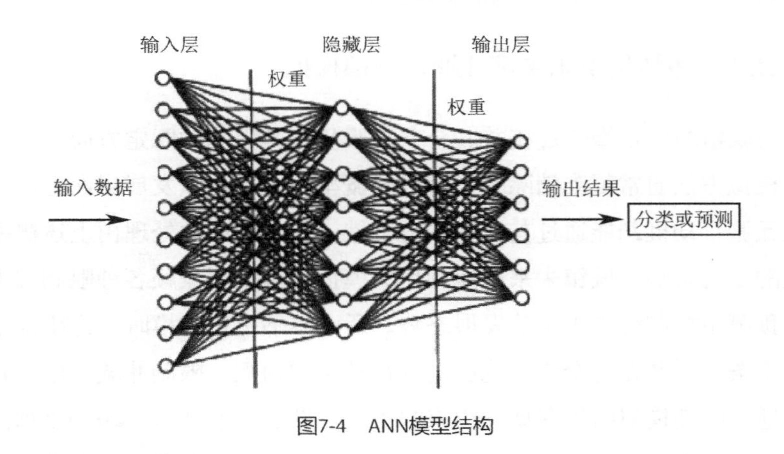

图7-4 ANN模型结构

7.2.3 空间扩张驱动因素分析

本书选取的空间扩张驱动因子，不仅选取了自然因子、社会经济发展因子、交通因子等常规城市影响因子，还采用大数据分析对研究区其他影响因子进行了提取，可以更准确地研究城镇空间中社会活动和经济因素的分布及特征，提高了城镇发展潜力预测的可信度。使用大数据分析得到的城镇影响因子主要包括功能区、车站分布点等。综上所述，影响都江堰市城镇空间扩张的因素主要包括自然因子、社会经济发展因子、交通因子等，每一种因素包含的各类影响因子如图7-11所示：利用Euclidean distance对各种影响因子进行处理，其公式为：

$$Dist(X,Y)=\sqrt{\sum_{i=1}^{n}(x_i-y_i)^2} \tag{7.3}$$

处理后分别进行归一化处理，其公式为：

$$X'_i=\frac{x_i-\mathrm{MIN}(x_i)}{\mathrm{MAX}(x_i)-\mathrm{MIN}(x_i)} \tag{7.4}$$

分别得到它们在都江堰市范围内的影响热力图。

7.2.4　多情景下未来都江堰市城镇模拟

因为城镇的扩张增长规模并非会完全服从于其规划的既定方向，所以常规的城镇模拟方法通常很难消除上述随机的概率因子在城镇发展层面上产生的作用，但元胞自动机却能通过其本身的随机性，能够很好地处理由上述概率因子所产生的随机影响。城镇未来土地利用的模拟同时必须兼顾各种限制因素，从而能在预测中控制城市未来的发展态势。所以本书中在建模时就已添加了一些规范约束条件，并在这个约束范围内进行模型的预测，限制非城镇用地转换为城镇用地，以期模拟结果在规划约束的条件下发展。本书基于2020年都江堰市现状土地利用类型，在ArcGIS 10.8软件中通过重分类工具将土地利用类型分为6类，分别是耕地、林地、草地、水域、城乡建设用地和未利用土地，基于Geo-SOS软件，将用地根据是否可以转换为城市用地作为出发点，其中，建制镇按常规设置为城镇用地；未利用土地及特殊用地等，由于产权和国土空间规划要求中提及对生态要素的重视，所涉及的用地设置为禁止转换为城市用地；耕地、草地、林地等涉及的用地设置为可转换为城市用地。空值为模拟土地之外的空白或补充资料，不参与也不影响模型的训练和模拟。

对上述系统动力学模型设置的4种发展情景下2035年都江堰市的城镇扩张空

间进行模拟预测。首先是对人工神经网络加以精度的训练。在训练过程中，需要进行设置的参数主要有以下几个方面：一是邻域窗口大小，为元胞自动机考虑的正方形领域的边长，影响数据抽样及模拟时的邻域信息获取，本次使用的领域窗口大小设置为7，为拓展摩尔型；二是学习速率，速率越大，神经网络的学习速度越快，但过高的学习速度会导致模型准确率无法收敛，本次使用的学习速率为0.05；其次是训练迭代总次数，次数越多训练时间越长，为保证正常收敛，选择迭代次数为500次；三是抽样选取的样本栅格数和对训练终止条件的设置，本书选取软件的默认值，具体如图7-5所示。

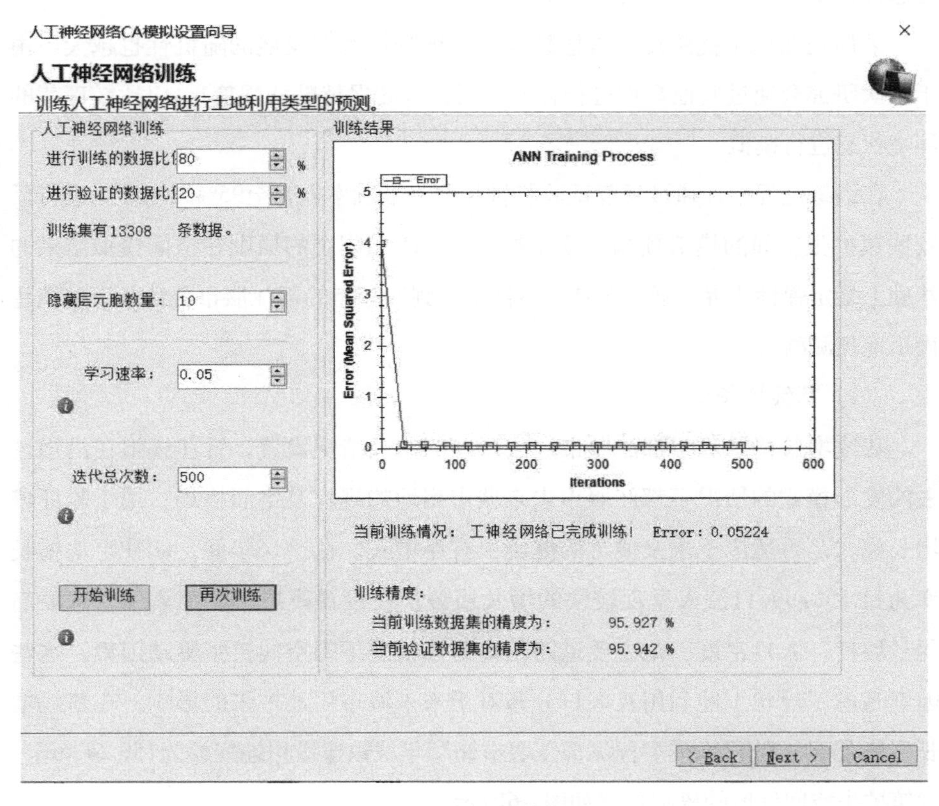

图7-5 相关训练参数设置

其次是设置模拟终止的条件，包括对模拟参考土地类型以及模拟参考土地类型栅格数的设置，模拟达到设置栅格数量后，模拟将会终止，一般模拟参考土地类型选择城市用地，参考栅格数通过对城市用地总量预测来确定，本次研究根据栅格精度，主要考虑了都江堰市城镇用地规模需求，结合对全市人口规模、发展方向等的预测，确定模拟转换总量，即转换的栅格总数，根据都江堰市用地的栅格总量，设置模拟迭代次数为80次。

然后是转换概率阈值，只有模拟过程中变换概率超过这个规定的阈值之后，土地类型才会发生转变，阈值越高，土地类型越不容易进行转换，模拟速度越慢，本次使用阈值的默认值0.7。

最后是随机干扰强度，数值越大，土地利用类型发展的随机性也越大，由于本次研究会通过其他数据进行补充判断，因此保持默认强度1，以比较理想的环境状态进行模拟。

在训练过程中，通过反复试验将神经网络准确率提升至95%以上后，进行后续城镇扩张空间的模拟预测，按照整体、紧凑、闭合的原则在空间模拟结果的基础上划定弹性边界，通过ANN-CA模型得到2035年的都江堰市各情景下城镇建设用地预测结果。

（1）基线增长型

基线增长情景基于都江堰市过去16年的增长情况设置，旨在模拟在沿用过去的发展模式的情况下都江堰市未来城市用地的规模及空间格局，用于验证该增长模式是否适应于未来城市的健康、有序增长。在这16年间，GDP平均增长率为11.5%；人口流入呈现较快的增长趋势。在设置模拟影响因素中，选取高程、坡度、人口密度、距主要道路距离为该情景下的空间扩张驱动因素。这些因素考虑了现状土地利用及人口分布对于未来城市用地扩张的影响。在基线增长型情景下，利用SD模型预测都江堰市2035年城镇建设用地规模为159.24 km^2，城镇扩张空间发展的模拟预测如图7-6所示。

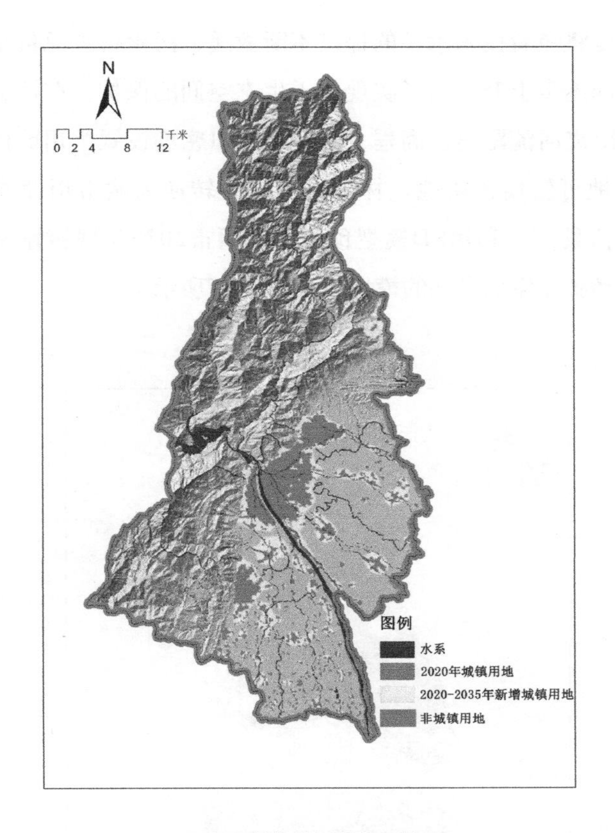

图7-6　基线增长型发展情景

（2）可持续发展型

可持续发展是指既满足当代人的需要，又不损害后代人满足其需要的能力的发展模式。目前，成都市正在推进以“公园城市”建设为核心的可持续发展战略，都江堰市资源及地理条件优越，该情景旨在模拟都江堰市实行可持续发展相关理念下的城市用地规模及空间格局。在此框架下，政府将进一步推动经济高质量发展，投资力度不断加大，对人口的吸引力将加快提升。在该情景下，设置了中等标准的增长率范围，随着可持续发展目标的实现，都江堰市将持续增强对人口的吸引力，人口流出速度不断放缓；自然资源环境中，对于水资源的消耗速度将随着技术水平的提高不断放缓，污水排放总量呈下降趋势，空气优良率指标逐步上升。为了实现对于生态空间的保护，在该情景下将距离地震带距离、距离河流距离、高程、坡度和人口密度设置为用地扩张相关影响因素；同时林地可转换为耕地，林地将不参与转换为城市用地的模拟过程。在可持续发展情景下，利用SD模型预测都江堰市2035年城镇建设用地规模为141.04km²，城镇扩张空间发展的模拟预测如图7-7所示。

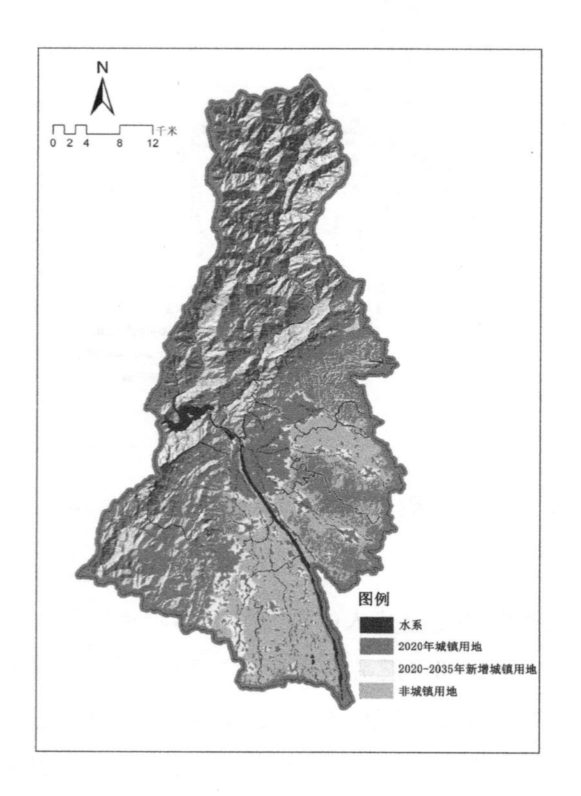

图7-7　可持续发展型情景

（3）经济优先发展型

都江堰市的经济发展较快，旅游业繁荣，城市轨道交通建设发展速度较快。城市发展的主要原动力是经济，而土地是发展经济的主要载体，随着城镇用地规模的扩张，城市功能区也将不断增多，与此同时经济将得到快速发展，因此城市的经济发展和城市用地扩张是相互促进的关系。该情景旨在预测经济快速发展下，都江堰市未来城市用地的规模及空间格局。因此，该情景下的影响因素充分考虑距主要道路距离、距高速距离、距铁路距离、距功能区距离等，并将GDP增长率设置为快速增长，以适应城市经济的快速发展所带来的乘数效应。在经济优先发展型情景下，利用SD模型预测都江堰市2035年城镇建设用地规模为172.15 km²，城镇扩张空间发展的模拟预测如图7-8所示。

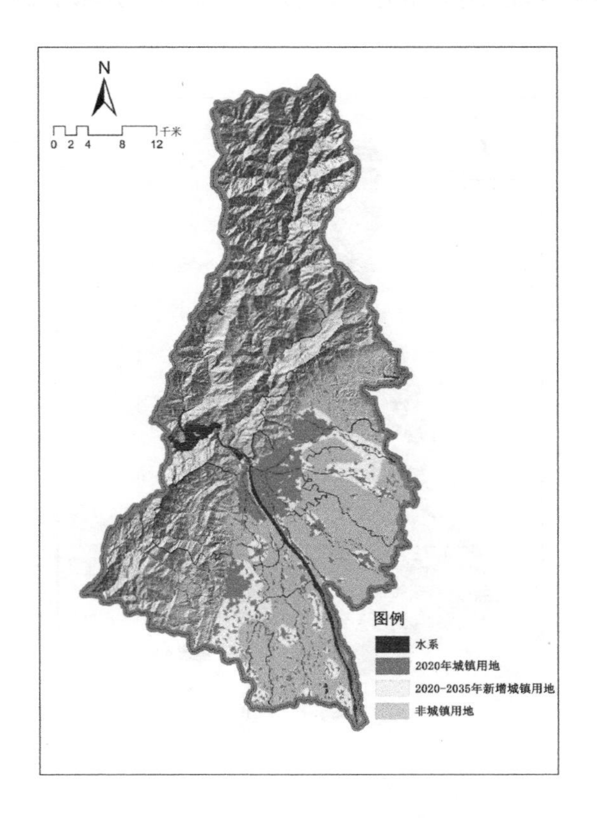

图7-8　经济优先发展型情景

（4）土地集约发展型

为建成和谐、宜居的现代化国际旅游城市，并在生态治理上取得成效，成为天蓝、水清、森林田园环绕的生态城市，该情景要求严格控制城镇人口规模并优化人口分布，对城乡建设用地规模进行减量化处理，并提倡优先使用存量建设用地，调整城镇用地空间结构，扩大生态空间。该情景下，城乡污水处理率不小于99%，污水排放增长率为负值，GDP平稳增长，常住人口增幅较小。在土地集约发展型情景下，利用SD模型预测都江堰市2035年城镇建设用地规模为86.53 km²，预测规模小于现状2020年城镇用地规模历史值，在完成建设用地减量的同时更好地利用了现状存量用地，城镇扩张空间发展的模拟预测如图7-9所示。

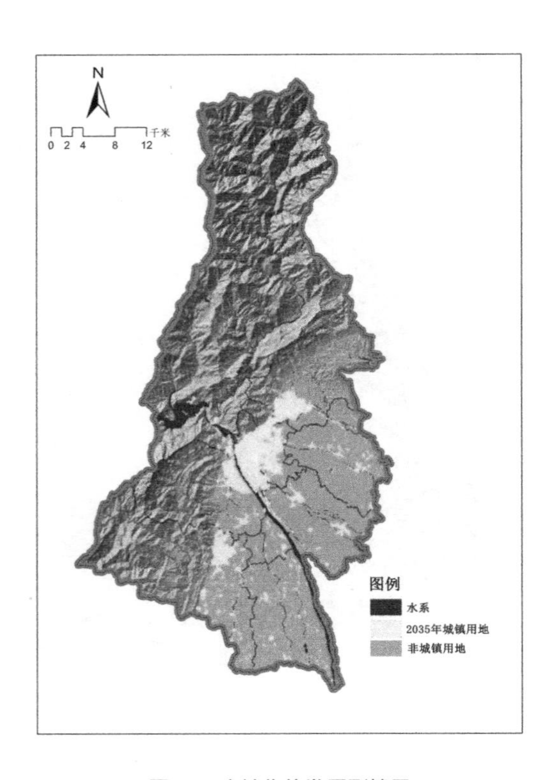

图7-9　土地集约发展型情景

各情景下参数设置如表7-5所示。

表7-5　各情景下参数设置

<table>
<tr><th>情景设置</th><th colspan="2">参数设定</th><th>预测建成区面积（km^2）</th><th>影响因素</th><th>土地转换</th></tr>
<tr><td rowspan="6">基线增长型</td><td>GDP增长率</td><td>11.50%</td><td rowspan="6">159.24</td><td>高程</td><td rowspan="6">一般耕地、林地、草地可转换为城市用地</td></tr>
<tr><td>人口增长率</td><td>0.54%</td><td>坡度</td></tr>
<tr><td>供水增长率</td><td>3.24%</td><td>人口密度</td></tr>
<tr><td>居住用地面积增长率</td><td>3.45%</td><td rowspan="3">距主要道路距离</td></tr>
<tr><td>二氧化硫浓度增长率</td><td>5.84%</td></tr>
<tr><td>污水排放增长率</td><td>3.41%</td></tr>
<tr><td rowspan="6">可持续发展型</td><td>GDP增长率</td><td>9.60%</td><td rowspan="6">141.04</td><td>高程</td><td rowspan="6">一般耕地、草地可转换为城市用地；部分林地可转换为耕地</td></tr>
<tr><td>人口增长率</td><td>0.54%</td><td>坡度</td></tr>
<tr><td>供水增长率</td><td>2.80%</td><td>人口密度</td></tr>
<tr><td>居住用地面积增长率</td><td>3.20%</td><td>距离河流距离</td></tr>
<tr><td>二氧化硫浓度增长率</td><td>−32.50%</td><td rowspan="2">距离地震带距离</td></tr>
<tr><td>污水排放增长率</td><td>2.50%</td></tr>
<tr><td rowspan="6">经济优先发展型</td><td>GDP增长率</td><td>12.00%</td><td rowspan="6">172.15</td><td>高程</td><td rowspan="6">一般耕地、林地、草地可转换为城市用地</td></tr>
<tr><td>人口增长率</td><td>0.94%</td><td>坡度</td></tr>
<tr><td>供水增长率</td><td>3.24%</td><td>距主要道路、铁路、高速距离</td></tr>
<tr><td>居住用地面积增长率</td><td>3.70%</td><td>距车站距离</td></tr>
<tr><td>二氧化硫浓度增长率</td><td>6.40%</td><td>距功能区距离</td></tr>
<tr><td>污水排放增长率</td><td>3.60%</td><td>人口密度</td></tr>
<tr><td rowspan="6">土地集约发展型</td><td>GDP增长率</td><td>9.60%</td><td rowspan="6">86.53</td><td>高程</td><td rowspan="6">现状存量建设用地可转换为耕地</td></tr>
<tr><td>人口增长率</td><td>0.48%</td><td>坡度</td></tr>
<tr><td>供水增长率</td><td>2.60%</td><td rowspan="4">距主要道路、铁路、高速距离</td></tr>
<tr><td>居住用地面积增长率</td><td>−3.20%</td></tr>
<tr><td>二氧化硫浓度增长率</td><td>−32.50%</td></tr>
<tr><td>污水排放增长率</td><td>−2.50%</td></tr>
</table>

7.2.5 研究方法小结

当前大部分UGB划定方法的研究是针对单一的城市发展场景构建，但城市在不同规划条件下将呈现发展情景的差异，目前较少有对城市未来发展多种情景下的UGB划定。同时，受到复杂地形与较快的城市发展速度的影响，中国许多区域的城市形态往往呈现出较高的离散度和破碎度，而目前大多数UGB划定较为粗糙和模糊，难以根据实际情况进行及时和灵活的调整。

基于上述问题，本章基于用地适宜性评价结果划定都江堰市城镇增长刚性边界。构建SD-ANN-CA模型，用于多情景下城市发展形态的高效UGB划定，提高模型模拟结果进行UGB划定的真实性与可靠度。以往大多数研究基于CA的UGB模拟仅根据CA模型的城镇模拟结果，而容易忽略“自顶而下”的城镇区域规模的控制以及政府规划政策的影响，即缺乏考虑宏观土地供需以及空间政策调控等复杂驱动因素的影响。

7.3 适宜性评价

7.3.1 构建用地适宜性评价指标体系

对研究区的自然条件、生态、社会经济及政策因素进行初步的分析，为城市未来扩张提供适宜的用地，因此需要对研究区土地的建设适宜性进行评估。该评估体系会将不适合进行城镇化的土地地块进行筛除，为全面综合地评价区域用地适宜性，参考现有国内研究者进行用地适宜性评价研究的相关指标体系，依据可计算性、导向作用、超前意识和因地制宜性理论，综合考虑都江堰市的实际情况，以及有关数据信息的可获得性和重要性，构建研究区土地用地适宜性评价指标体系，将用地适宜性影响因子分为自然因子和限制因子2个一级类别及6个二级类别，自然因子是影响城镇建设用地适宜性的主要类别，而限制因子则统筹考虑了实际土地现状、地质灾害易发程度、社会交通空间可达性、自然保护区等方面。最终确定地形高度、地形坡度、地形起伏度、河流、降水量、土地利用现状、地质灾害点（滑坡、泥石流）、地震危险性、空间可达性、自然保护区等10个指标来描述其适宜性程度，并确定量化标准，其中自然保护区不参与权重叠加。根据调查，都江堰市内自然保护区有大熊猫国家公园和都江堰—青城山风景自然公园。基于同一个标准，对评价因子加以量化处理，并明确评价因子适宜度的评分值。按照需求，将不同单因子的适宜性得分分为1~5共5个层级，依次用5、4、3、2、1代表用地适宜性程度的水平，得分越高，说明用地适宜度越好。最后通过ArcGIS 10.8软件得到研究区的用地适宜性。为了增强评价步骤中的可操作性，并力求尽可能地减少评估管理中的习惯性和片面性，指标权重采用层次分析法（AHP）确定。

通过层次分析法（AHP）基于上述指标构建两两判断矩阵，计算得到矩阵的平均一致性指标CR=0.05，未超过0.1，通过一致性检验，并采用均方根法统计各因子权重，结果如表7-6所示，用地适宜性计算公式（7.5）如下：

$$L = \sum_{i=1}^{n} a_i \times x_i (i = 0,1,2,\cdots,n) \tag{7.5}$$

式中，L代表加权相加后的适宜性评价综合值；x_i代表第i个适宜性因子的适宜度值，而a_i则表示第i个适宜性因子的权重。

表7-6　都江堰市用地适宜性评价因子及指标的权重

总目标层	一级指标层	二级指标层	三级指标层	评分标准	得分	权重
自然因子	地形因子	高程	≤900m	5	0.15	0.45
			900~1200m	4		
			1200~1500m	3		
			1500~2500m	2		
			≥2500m	1		
		坡度	≤3°	5	0.2	
			3° ~8°	4		
			8° ~15°	3		
			15° ~25°	2		
			≥25°	1		
			≤100m	5		
		地形起伏度	100~150m	4	0.1	
			150~200m	3		
			200~250m	2		
			≥250m	1		
			≤100m	5		
	水资源因子	河流水域	100~300m	4	0.1	
			300~500m	3		
			500~700m	2		
			≥700m	1		

续表

总目标层	一级指标层	二级指标层	三级指标层	评分标准	得分	权重
自然因子	水资源因子	降水量	自然断点法	5	0.1	0.2
				4		
				3		
				2		
				1		
限制因子	植被覆盖	土地现状类型	耕地	1	0.1	0.1
			水域	0		
			林地	3		
			草地	3		
			建设用地	5		
			未利用地	0		
	地质灾害因子	地质灾害易发性	≤500m	1	0.1	0.2
			500~1000m	3		
			≥1000m	5		
		地震危险性	高	1	0.1	
			低	3		
	空间可达性	道路	≤100m	5	0.05	0.05
			100~500m	4		
			500~1000m	3		
			≥1000m	2		
	政策性因子	自然保护区			不加权叠加	

7.3.2 自然因子评价

1. 地形因子

都江堰属于山地城市，整体地势东南低、西北高，境内海拔592~4582m。参照2020年自然资源部颁布的《资源环境承载能力和国土空间开发适宜性评价指南（试行）》（以下简称《评价指南》），其中指出高程、坡度和地形起伏度是影响和制约城市扩张的重要因子，最后选取高程、坡度和地形起伏度作为本研究的地形因子。

在ArcGIS 10.8软件中对都江堰市DEM数据进行坡度提取，并基于《评价指南》，根据都江堰市DEM地形特点，将高程按0~900m、900~1200m、1200~1500m、1500~2500m、≥2500m生成分级图，如图7-10（a）所示，分为1~5级。将坡度依照<3°、3°~8°、8°~15°、15°~25°、≥25°生成分级图，如图7-10（b）所示。分为1~5级；依据栅格精度为60m×60m的格网大小，在ArcGIS10.8软件中分析得到地形起伏度，基于<100m、100~150m、150~200m、200~250m、≥250m的起伏度值，将地形起伏度分为1~5级，形成分级图，如图7-10（c）所示。

2. 水资源因子

都江堰市有岷江经过，岷江在都江堰境内可分为两段，总长度约50km，中心城区内河网密集，降水量大，水资源对城镇建设的支撑能力，两者均对都江堰城市供水产生影响，因此选取水系和降水量作为水资源因子，通过距河流距离以及降水量来表征。

在ArcGIS 10.8软件中进行降水量和河流距离的提取与分级。保护都江堰生态环境应该控制进入河道的污染物，河流距离参考相关文献提出的阈值，按照≤100m、100~300m、300~500m、500~700m、≥700m划分为5级，分别赋值1~5分，并形成河流距离分级图，如图7-10（d）所示，划定不同等级敏感区。多年平均降水量按自然断点法由高到低分为5级，分别赋值5~1分，生成降水分级图，如图7-10（e）所示。

3. 自然因子评价分级

根据表7-6，用ArcGIS 10.8软件中的栅格计算器工具，对自然因子评价指标进行加权叠加，并通过重分类工具，按均分法对评价结果进行等级划分，分值越低、等级越高，最后得到自然因子评价计算结果，如图7-10（f）所示。其中分类为极敏感区域、高度敏感区域、较高度敏感区域、中敏感区域、较低敏感区域、低敏感区域6个等级，面积依次为78.21km²、200.36km²、167.93km²、163.75km²、170.31km²、427.52km²，分别占都江堰市总面积的6.47%、16.59%、13.90%、13.55%、14.10%、35.39%。

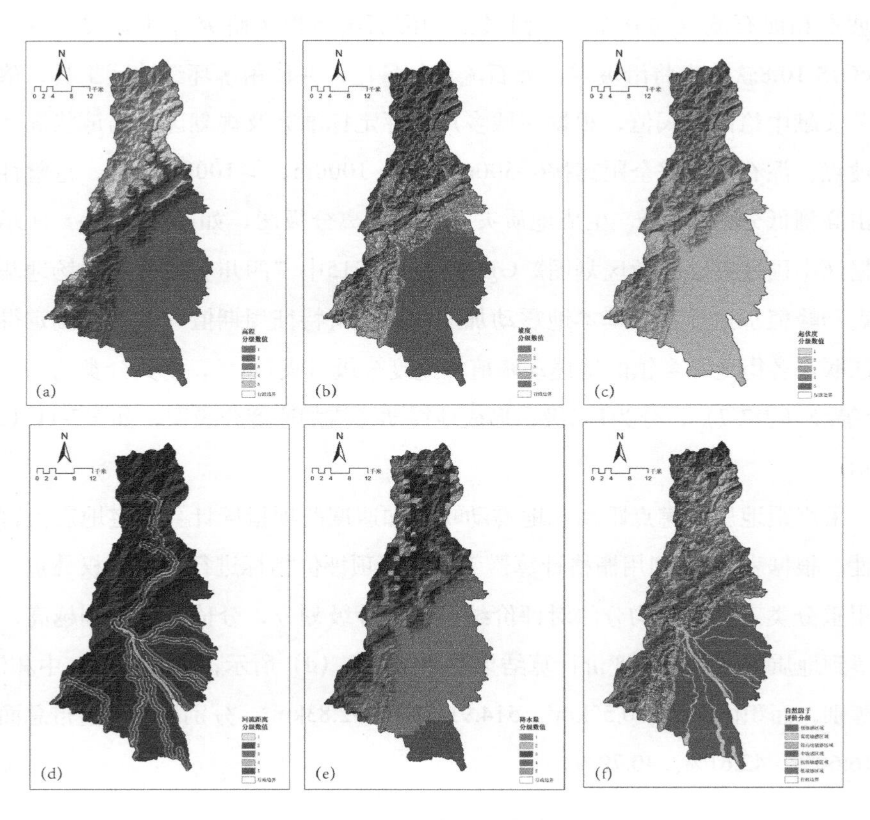

图7-10　自然因子评价指标

7.3.3 限制因子评价

都江堰市因为城镇的扩张和人口数量的增加，城市用地扩张侵占农业用地，耕地面积减少，而后备资源短缺，对农村的生态环境造成威胁。选取水域、未利用土地划为极高敏感区，耕地分类为高敏感区，再将林地、草地分类为中敏感区，建设用地分类为低敏感区，分为1~4级，生成分级图，如图7-11（a）所示。

1. 地质灾害易发性因子

都江堰地处龙门山区，地质灾害多，对生态环境发展起到了限制作用，因此对其进行适宜性等级划分。根据都江堰市地质环境监测站（2020）发布的滑坡点和泥石流点的分布，将滑坡点和泥石流点作为研究区地质灾害点，在ArcGIS 10.8软件中将滑坡点、泥石流点矢量化，并使用多环缓冲区工具，依据有关文献中给出的阈值，根据《城乡用地评定标准》及规划区的当地状况，对滑坡点、泥石流点安全距离按0~500m、500~1000m、≥1000m分级，危险性等级由高到低分为1~3级，生成地质灾害安全距离分级图，如图7-11（b）所示。依据《中国地震动参数区划图》GB18306—2015中“四川省城镇Ⅱ类场地基本地震动峰值加速度值和基本地震动加速度反应谱特征周期值列表”，确定得到都江堰市各街道和乡镇的地震动峰值加速度分级（表7-8），将其分类为高、低2个等级（表7-7），分为1~2级，形成地震动峰值加速度分级图，如图7-11（c）所示。

采用距地质灾害点距离和地震动峰值加速度两项指标计算确定地震灾害危险性。根据表7-6，利用栅格计算器工具对两项评价指标进行综合加权叠加，再采用重分类工具，按均分法对评价结果进行等级划分，分值越低等别越高，最后得到地质灾害易发性评价计算结果，如图7-11（d）所示，划分为高、中和低3个等别，面积依次为200.57km^2、514.91km^2、492.83km^2，分别占都江堰市总面积的16.60%、42.61%、40.79%。

表7-7　地震动峰值加速度分级

抗震设防烈度	6~7	8~9
地震动峰值加速度(g)	0.05~0.15	0.20~0.40
危险性等级	低	高

表7-8　地震动峰值加速度分级

街道/镇名称	峰值加速度（g）	反应谱特征周期（s）
灌口街道	0.20	0.40
幸福街道	0.20	0.40
银杏街道	0.20	0.40
奎光塔街道	0.20	0.40
蒲阳街道	0.20	0.40
玉堂街道	0.15	0.40
聚源镇	0.15	0.40
天马镇	0.15	0.40
石羊镇	0.15	0.40
青城山镇	0.15	0.40
龙池镇	0.20	0.40

2. 空间可达性因子

市政交通对于用地适宜性的影响是人类活动对于生态影响的一种重要体现。研究提取都江堰市省路、国道、高速公路、主干道等矢量数据，通过ArcGIS 10.8软件对道路进行合并，并对合并的道路进行距离分析，以≤100m、100~500m、500~1000m、≥1000m为分类区间，分为1~4级，得到空间可达性因子分级图，如图7-11(e)所示。

3. 限制因子评价分级

根据表7-6，首先使用ArcGIS 10.8软件中的栅格计算器工具对限制因子评价指标进行加权叠加，然后使用重分类工具，按均分法对评价结果进行等级划分，分值越低等别越高，最后得到限制因子评价计算结果，如图7-11（f）所示。划分为极敏感区域、高度敏感区域、较高度敏感区域、中敏感区域、较低敏感区域、低敏感区域6个等别，面积依次为99.41km²、501.02km²、38.21km²、131.22km²、395.78km²、42.49km²，分别占都江堰市国土面积的8.23%、10.86%、3.16%、41.47%、32.76%、3.52%。

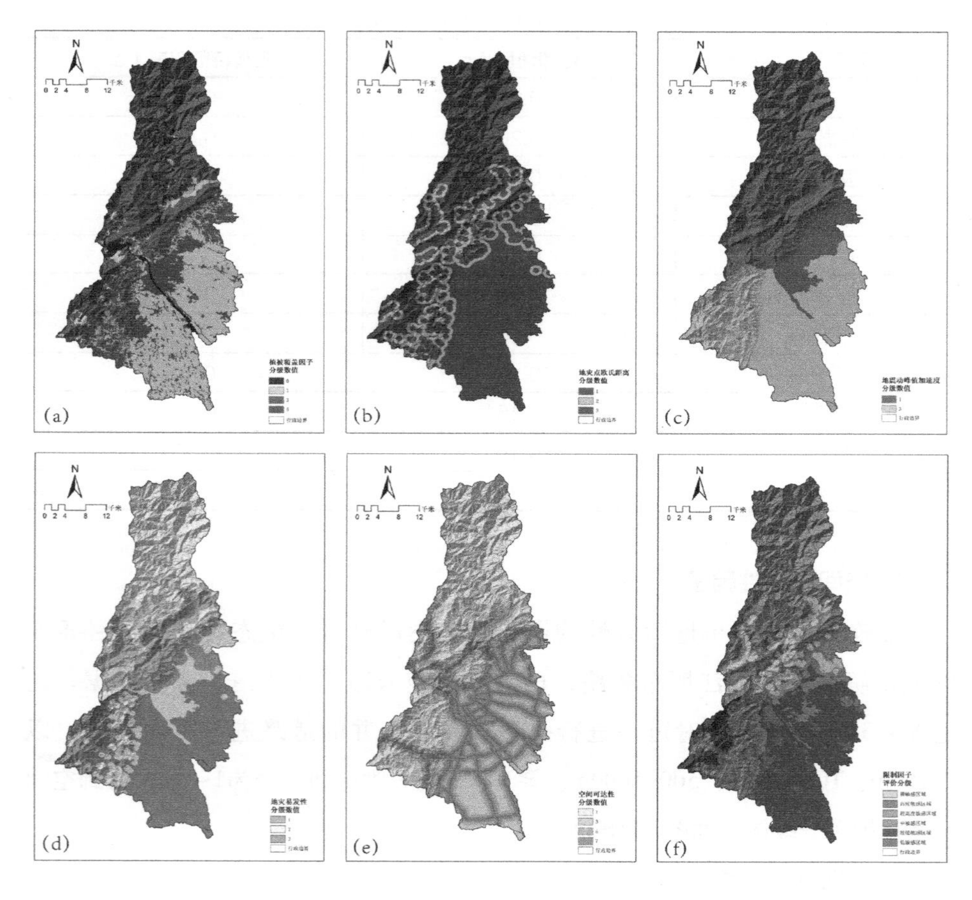

图7-11　限制因子评价指标

7.3.4　用地适宜性评价结果

本书基于多因素的综合评价模型来评估用地适宜性，并定量地描述其空间差异。运用ArcGIS 10.8软件中的栅格计算器工具，计算各个网格因子加权叠加的分数值，同时形成评价图，再按照评分，基于重分类工具，形成综合因子的用地适宜程度分级图，然后将不进行权重叠加的生态政策因子基于上述分级图，将位于适合建设区中的生态政策区的区域转换成不适宜建设区。

基于上述评价方法得出以下评价结论，用地适宜性评价得分越高，土地越适宜城市规划建设。以此划分土地是否适宜建设的四个等级：不适宜建设区、一般适宜建设区、比较适宜建设区、适宜建设区（表7-9、图7-12）。

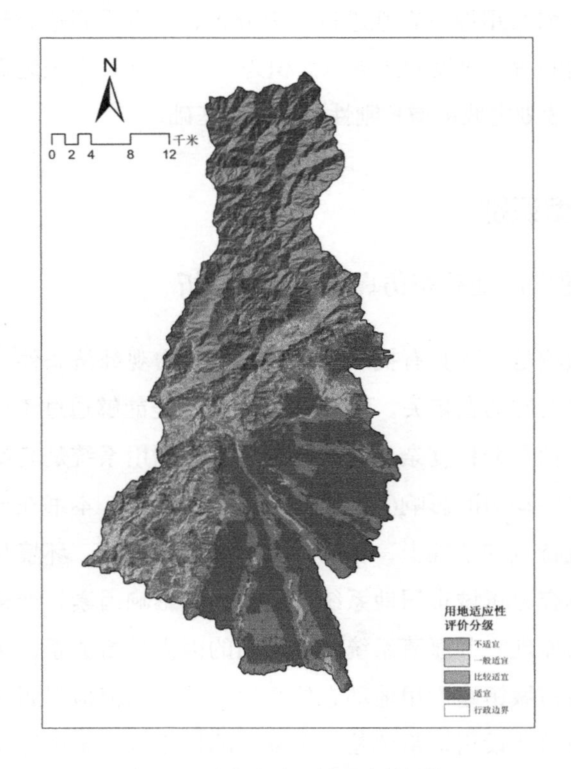

图7-12　都江堰市用地适宜性评价

表7-9　都江堰市用地适宜性评价结果及分类

用地适宜性等级	区域分类	用地适宜性指标评分值范围	面积(km²)	占土地面积(%)
1	不适宜建设区	0~2.57	518.89	42.95
2	一般适宜建设区	2.57~2.86	158.01	13.08
3	比较适宜建设区	2.86~3.18	217.08	17.97
4	适宜建设区	3.18~3.9	314.13	26

7.3.5　小结

本节主要利用研究区相关空间数据，综合考虑都江堰市山地城市的实际情况，选取影响土地发展的自然因子和限制因子，借助层次分析法、GIS空间分析法等方法对都江堰市用地适宜性进行评价分析，识别得到适宜建设的区域，最终通过分析得到的适宜建设的区域总面积为689.22km²，占土地面积的57.05%，评价结果可为后续划定城镇增长刚性边界奠定基础。

7.4　用地类型识别

7.4.1　建设用地动态仿真模型系统分析

用地规模预测是一项具有挑战性的任务，与宏观经济条件、人口因素和地理因素等众多因素的动态相关。而SD模型的特点是能够通过不同模块和变量之间的反馈回路模拟与分析复杂系统的行为。土地利用系统是复杂的，受到许多人为和生物物理驱动力的影响(Xun Lian et al.，2018)。本书在充分考虑都江堰市城市用地系统特点的基础上，从都江堰市人口、资源、环境与经济发展的相互关系着手，调查分析城市用地系统发展变化的影响因素，严格依照系统结构决定系统行为的原理，并厘清系统各要素间的因果反馈关系，基于系统动力学模型构建都江堰市城镇建设用地动态仿真模型，从而模拟得到城镇建设用地需求。都江堰市城镇建设用地系统是一个复杂的巨系统，城镇建设用地的配置与社会经济发展模式的选择需要从系统角度综合考虑整个系统的可持续发展，以及各个子系统间的协调发展。基于系统的完整性与层次性，都江堰市城镇建设用地评价系统可分类为经济子系统、人口子系统、用水子系统、生态环境子系统和用地子系统。各个子系统具体分析如下：

（1）经济子系统：重点考虑GDP总量、人均GDP、一二三产业GDP、工业产值等重要变量的变化情况，GDP总量的变动将会导致工业产值等系列变量的变化，同时也对人口规模管理、国土资源和水资源发展与使用、环境等产生作用，从而对城镇建设用地的系统估算产生影响。

（2）人口子系统：重点考虑常住人口总量，人口总量将影响农业人口、非农业人口、医院床位数等变量。通过控制人口增长速度，能对相关变量产生联动作用，从而对城镇建设用地的系统估算产生影响。

（3）用水子系统：重点考虑水资源的供应和需求量，本书选用供水总量、居民生活用水量来分别说明都江堰水资源的总体供给和需求量。供水总量、居民生活用水量经过与人口总量之间建立联系，与人口子系统产生相互影响，从而又分别确定了人均供水量与人均生活用水量。

（4）生态环境子系统：重点通过污水集中处理率来反映都江堰市的生态环境保护情况，同时也考虑公园绿地面积。通过对污水集中处理率的有效控制，对维护环境和提升水资源利用率有积极作用，也促进了社会经济活动的有序发展，从而对城镇建设用地面积的提升产生积极作用。

（5）用地子系统：重点选取耕地面积、城市道路面积、工业用地面积的变动状况，并在变量之间建立联系，例如把耕地面积和人口总量相结合得出人均耕地面积，以及将城市道路面积与人口总量相比得出人均拥有道路面积等。

建立城镇用地规模SD模型，可以理解生态环境、社会经济变化与管理政策之间的相互作用，以模拟未来的城镇用地规模需求。通过上述研究发现，经济增长与城镇用地规模具有协同增长的关系。人口增加是一个地区经济增长最直观的表征之一，人口增加也是城镇用地增加的主要动因，是国家和地区可持续发展的基石。用水总量反映了区域水资源的消耗，是支撑城市可持续发展的重要因素之一。城镇的生态环境，是制约和影响城镇增长边界的重要因素，也反映了城镇发展的本底条件。用地子系统则能够预测未来城镇用地的发展。通过对各子系统的分析，明白了上述各子系统的耦合协调发展对于厘清城镇增长边界的内部驱动机制有一定的帮助，能够影响和制约城镇增长边界的发展，有助于提高城镇增长边界划定的科学性。

7.4.2 系统动力学模型

7.4.2.1 建立流程图

在重点分析了都江堰市城镇建设用地系统与各子系统的动态反馈机理的基础上，明确了体系界限，并选择了主要变量，包括状态变量、速率变量、辅助变量等，建立都江堰市城镇建设用地的系统流程图。本书选取的状态变量有6个，依次是GDP总量、人口总量、供水总量、污水排放总量、二氧化硫浓度、城市居住建设用地面积，上述变量均将作为都江堰市城镇建设用地的主要评价指标；同时，选取GDP增长率、人口增长率、供水增长率、二氧化硫浓度增长率、居住用地面积增长率等主要变量作为系统控制变量，对系统的行为模型加以调控。基于数据的可获得性原则，添加了相应的辅助变量，并依托使用Vensim PLE9.0软件构建形成了系统流程图（图7-13）。

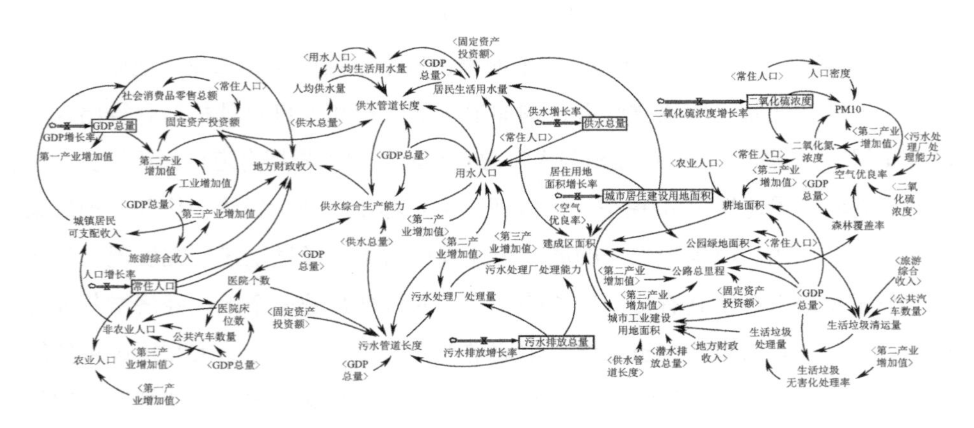

图7-13 都江堰市城镇建设用地规模系统流程图

7.4.2.2　确定参数

系统动力学模型中所涉及的参数大致有水平变量初始值、模型常数和表函数三类，参数设定的合理性会直接影响到模型仿真的效果。模型中的参数可以通过对历史值的统计以及仿真试验得到，在参数值的可控范围内，可以利用某些参数对模型加以调试，倘若模型的行为未出现显著差异，那么这个参数值便是可利用的。

1. 水平变量初始值的确定

通过运用都江堰市2005—2020年共16年的历史统计数据建立各系统变量间的数量关联关系，以2005年为模型基点年，以2005—2020年为历史验证期，2021—2035年为模型预测期，收集得到数据并开展数据分析。本书根据2005—2020年《都江堰市国民经济和社会发展统计公报》《都江堰市历年环境质量概况》《成都统计年鉴》《四川统计年鉴》《成都市水资源公报》等相关统计数据以及都江堰市土地利用变更调查数据，得到都江堰市城镇建设用地规模系统动力学模型中水平变量的初始值，见表7-10。

表7-10　都江堰市城镇建设用地规模SD模型水平变量初始值

水平变量名	2005年初始值	2020年初始值
GDP总量(亿元)	84.02	441.7
人口总量(万人)	64.6	70.01
供水总量(万m^3)	22935	26915
污水排放总量(万m^3)	1861	2292.22
二氧化硫浓度($\mu g/m^3$)	2.4	8.1
城市居住建设用地面积(km^2)	11.78	19.21

2. 模型常数的确定

本书的模型常量主要涉及GDP增长率、人口增长率、供水增长率、污水排放增长率、二氧化硫浓度增长率、居住用地面积增长率等系统控制变量，通过调节上述模型常量的取值范围来设定不同的城市社会经济发展模型，并动态地仿真模拟在各种经济发展情况下城市系统的发展态势，着重从经济发展模式上研究探讨提升都江堰市城镇建设用地规模的路径。基于都江堰市2005~2020年的统计数据，而后代入年均增长率（或年均减少率）的计算公式及逐年增长率（或逐年减少率）R_n的公式，计算各常数的均值和各年份的常数值，计算结果见表7-17。

年均增长率(或年均减少率) $\overline{R_n}$ 的计算公式如下：

$$\overline{R_n}=\sqrt[n-1]{\frac{X_n}{X_1}}-1 \quad (或\overline{R_n}=1-\sqrt[n-1]{\frac{X_n}{X_1}}) \tag{7.6}$$

逐年增长率（或逐年减少率）R_n的计算公式如下：

$$R_n=\frac{X_n-X_{n-1}}{X_{n-1}} \quad (或 R_n=\frac{X_{n-1}-X_n}{X_{n-1}}) \tag{7.7}$$

式中，X_n表示变量X第n年的数值，$n \geqslant 2$。

3. 表函数的确定

当系统动力学模型使用辅助变量来说明与特定系统变量之间的非线性关联时，对相关变量进行单纯的代数计算已不能正常描述。此时，辅助变量便需要采用表函数来表达。表函数在Vensim软件中的表达形式如下：

$$\begin{aligned} \mathrm{Y} = \mathrm{WITH\ \ LOOKUP}(\mathrm{X},([(\mathrm{X_{min}},\mathrm{Y_{min}}) \\ -(\mathrm{X_{max}},\mathrm{Y_{max}})](\mathrm{x_1},\mathrm{y_1})(\mathrm{x_2}\ \ \mathrm{y_2})\cdots(\mathrm{x}_n,\mathrm{y}_n))) \end{aligned} \tag{7.8}$$

式中，X是自变量，Y是因变量，X_{min}、Y_{min}分别为X和Y的最小值，X_{max}、Y_{max}分别为X和Y的最大值，(x_1，y_1)，(x_2，y_2)，…，(x_n，y_n)是图中限定的点。

本书通过表函数表示的辅助变量有居民生活用水量，通过收集的都江堰市2005~2020年的相关历史统计数据（表7-11）来推算，得到相应居民生活用水量的变化趋势图（图7-14）和多项式拟合方程，以做出更好的理想预测。

表7-11　都江堰市城镇建设用地规模SD模型水平变量初始值

年份	居民生活用水量(万m³)
2005	2137
2006	2296
2007	2364
2008	2382.2
2009	2985.1
2010	2996
2011	2824
2012	2987
2013	3150
2014	3210
2015	3990
2016	4204
2017	4117
2018	5476
2019	5050
2020	5629

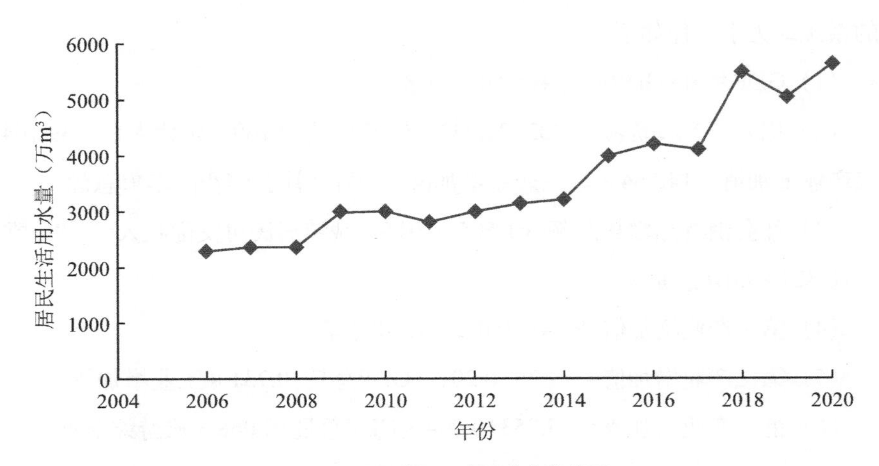

图7-14　居民生活用水量变化趋势图

7.4.2.3 建立系统动力学模型方程

在对都江堰市城镇建设用地规模系统进行内部结构系统分析和因果反馈关系相关数据分析的基础上，通过构建都江堰市城镇建设用地规模系统动力学模型结构方程，进而对这种管理系统的内部结构和因果回报关联进行了定量。下面将依次从经济子系统、人口子系统、用水子系统、生态环境子系统、用地子系统五个方面，依次列出各个子系统的变量、基本参数及其系统动力学方程。

1. 经济子系统

经济子系统重点研究GDP总量、第一、二、三产业增加值、社会消费品零售总额、固定资产投资额、工业增加值等经济变量的变化及其对都江堰市城镇建设用地规模系统所形成的影响。GDP总量会随着GDP的增长速度而变化，第三产业增加值会随着旅游综合收入的增长而变动，第二产业增加值则会随着工业增加值的变动而变化，由此对GDP总量形成影响，与此同时也影响了其余子系统。在系统动力学模型中，可以选定GDP总量作为经济子系统的状态变量，与之关联的速率变量为GDP增长率，而联系起来的辅助变量包括第一、二、三产业增加值、城镇居民可支配收入、旅游综合收入等。都江堰市经济子系统主要的系统动力学方程如下：

（1）GDP总量=GDP增长率×GDP总量

（2）固定资产投资额=9.402+22.242×GDP总量+0.169×常住人口－39.164×第二产业增加值－14.564×第三产业增加值+3.031×社会消费品零售总额

（3）社会消费品零售总额=61.505+0.016×城镇居民可支配收入－0.8×常住人口+0.321×GDP总量

（4）第一产业增加值=9.749+0.052×GDP总量

（5）第二产业增加值=－1.39+0.201×GDP总量+0.731×工业增加值

（6）第三产业增加值=－5.753+0.504×GDP总量+0.068×旅游综合收入

（7）城镇居民可支配收入=17.189－97.047×旅游综合收入+306.084×第三产业增加值－138.461×非农业人口

2. 人口子系统

人口子系统重点研究人口数量的变动及其对都江堰市城镇建设用地规模所产生的影响。人口的数量会随人口增长的速度而变动，并进而对都江堰市的人均供水量、人均生活用水量、人均GDP等系统变量产生影响。在人口子系统中，选取的状态变量为人口总量，将人口增长率设定为速率变量，而农业人口、非农业人口、医院数量等则为辅助变量。都江堰市人口子系统主要的系统动力学方程如下：

（1）常住人口=人口增长率×常住人口

（2）农业人口=26.446－1.704×第一产业增加值+0.632×常住人口

（3）非农业人口=4.472－0.616×第三产业增加值+0.412×GDP总量－0.028×公共汽车数量+0.662×常住人口+0.004×医院床位数

（4）医院数量=32.188－0.047×GDP总量+0.006×医院床位数

（5）公共交通汽车数量=535.937－4.774×第三产业增加值+4.683×GDP总量－1.935×医院数量

3. 用水子系统

用水子系统主要研究水资源的供应和需求量及其对都江堰市城镇建设用地规模系统所形成的影响。在模型中，选取供水总量、居民生活用水量来依次描述水资源的供应和需求量。人均供水量和人均生活用水量的值会随着供水总量、居民生活用水量以及人口总量的变化而改变。其中，本书选取的状态变量为供水总量，速率变量则是供水增长率，而居民生活用水量、人均供水量、人均生活用水量等则成为子系统的辅助变量。都江堰市用水子系统主要的系统动力学方程如下；

（1）供水总量=供水增长率×供水总量

（2）居民生活用水量=WITHLOOKUP(Time，([(2005,0)－(2020，5600)],

(2005，4626)，(2006，4761)，(2007，4860)，(2008，2382.2)，(2009，2985.1)，(2010，2996)，(2011，2824)，(2012，2987)，(2013，3150)，(2014，3210)，(2015，3990)，(2016，4204)，(2017，4117)，(2018，5476)，(2019，5050)，(2020，5629)))

（3）人均生活用水量=居民生活用水量/用水人口

（4）用水人口=57.073+14.472×GDP总量+0.0001×供水总量－0.856×常住人口+0.34×城市居住建设用地面积－14.285×第二产业增加值－14.594×第三产业增加值－13.676×第一产业增加值

4. 生态环境子系统

生态环境子系统重点探讨污水排放总量、二氧化硫浓度等变量的变化对都江堰市城镇建设用地规模系统所形成的影响。二氧化硫浓度会因二氧化硫浓度增长率的改变而变化。在系统动力学模型中，选取的状态变量为污水排放总量和二氧化硫浓度，而与之相联系的污水排放增长率、二氧化硫浓度增加率为速率变量，相关联的辅助变量包括污水处理厂处理量、污水管道长度、PM10、二氧化氮浓度、生活垃圾处理量等。都江堰市生态环境子系统主要的系统动力学方程如下：

（1）二氧化硫浓度=二氧化硫浓度增长率×二氧化硫浓度

（2）污水排放总量=污水排放增长率×污水排放总量

（3）二氧化氮浓度=－6.617+0.888×二氧化硫浓度+0.026×第二产业增加值+0.09×常住人口

（4）污水处理厂处理量=71.396+0.285×污水管道长度+0.496×污水排放总量+14.353×第二产业增加值

（5）污水管道长度=962.43+0.032×污水排放总量－25×第二产业增加值－1.656×固定资产投资额+9.355×GDP总量+0.03×供水总量+35.176×医院数量

（6）空气优良率=2.03－0.004×PM10+0.03×二氧化氮浓度－0.024×二氧化硫浓度+0.042×污水处理厂处理能力－1.291×森林覆盖率－0.001×GDP总量

（7）PM10=21.834+1.463×二氧化氮浓度+0.828×二氧化硫浓度+0.066×人口密度－0.246×第二产业增加值

（8）生活垃圾处理量=－8.156+8.121×生活垃圾无害化处理率+1.003×生活垃圾清运量

（9）生活垃圾清运量=－9.122+0.003×旅游综合收入－0.014×公共汽车数量+0.008×GDP总量+0.467×常住人口

5. 用地子系统

用地子系统重点研究土地类型的变动对都江堰市城镇建设用地规模系统所形成的影响。在系统动力学模型中，选取的状态变量为居住用地面积，与之关联的速率变量为城镇居住用地增加率，相关联的辅助变量则为公园绿地面积和工业用地面积等。都江堰市用地子系统主要的系统动力学方程如下：

（1）城市居住用地面积=居住用地面积增长率×城市居住用地面积

（2）城镇建设用地面积=0.595－14.066×空气优良率+1.51×常住人口－0.224×城镇居住用地面积－0.062×耕地面积+2.6×公园绿地面积+0.005×公路总里程－0.132×城镇工业用地面积

（3）公园绿地面积=－28.655－0.003×GDP总量+0.518×常住人口+0.105×城镇居住用地面积

（4）城镇工业用地面积=10.289－0.078×地方财政收入－0.03×GDP总量+0.983×城镇居住用地面积+0.051×固定资产投资额－0.173×生活垃圾处理量－0.002×供水管道长度－0.002×污水排放总量

（5）耕地面积=－219.33+16.46×第一产业增加值－0.936×GDP总量+1.572×农业人口+19.209×常住人口

7.4.2.4　有效性检验

1. 结构检验

根据系统动力学模型建模的目标，在开始仿真模拟之前，就需要先对模型结构能够如实反映整个体系的实际状况加以检测。本书在全面剖析都江堰市城镇建设用地规模基本情况的基础上，利用VensimPLE9.0的原因树分析、结果树分析、反馈回路分析等体系结构分析方法功能，对都江堰市城镇建设用地规模系统动力学模型的主要变量设置、因果反馈关系、系统流程图等内容加以检测。同时，还运用VensimPLE9.0软件模型验证和单位验证的功能来对模型参数、方程、量纲等加以试验，并在反复调试和仿真中完善模型。经模型结构试验结果表明，模型的结构与都江堰市城镇建设用地规模系统的结构基本吻合。

2. 历史检验

模型历史检验是指先对历史年份的模型行为加以仿真模拟，然后将仿真模拟成果与我国历史数据结果实行比较，剖析二者所产生的偏差程度及关联度，并以此检验仿真模拟成果的合理性。本书选取的验证期为2005—2020年，借助VensimPLE9.0软件对此16年的模型行为进行仿真模拟，进而将仿真结果与历史数据进行误差比较分析。所考察的主体是指系统状态变量，分别为GDP总量、第二产业产值、第三产业产值、公共汽车数量、公园绿地面积、医院数量、城市居住用地面积、建成区面积、常住人口、供水总量、污水排放总量、二氧化硫浓度，检验结果见表7-12。

相对误差的计算公式如下：

$$相对误差=\frac{仿真值-历史值}{历史值}\times 100\% \tag{7.9}$$

表7-12 都江堰市城镇建设用地规模系统动力学模型历史检验

变量	2010年			2015年			2020年		
	实际值	仿真值	相对误差	实际值	仿真值	相对误差	实际值	仿真值	相对误差
GDP总量（亿元）	143.5	151.41	5.51%	275.38	272.84	0.92%	441.7	440.2	0.34%
第二产业增加值（亿元）	49.9	55.11	10.45%	101.84	99.76	2.04%	146.27	146.88	0.42%

续表

变量	2010年			2015年			2020年		
	实际值	仿真值	相对误差	实际值	仿真值	相对误差	实际值	仿真值	相对误差
第三产业增加值（亿元）	76.6	82.76	8.05%	149.71	155.89	4.13%	258.66	252.4	2.42%
公共汽车数量（辆）	745	760.86	2.13%	1119	967.76	13.52%	1149	1165.53	1.44%
公园绿地面积（km^2）	7.27	6.79	6.54%	8.03	7.71	4.01%	8.32	8.17	1.83%
医院数量（家）	45	45.99	2.20%	52	52.54	1.04%	53	55	3.77%
城市居住用地面积（km^2）	18.98	16.06	15.39%	18.06	16.78	7.10%	19.21	18.66	2.88%
建成区面积（km^2）	29.18	27.6	5.43%	32.23	35.52	10.22%	42.17	42.01	0.38%
常住人口（万人）	65.8	66.46	1.01%	68.02	68.38	0.53%	70.28	70.59	0.44%
供水总量（万m^3）	27100	27239.6	0.52%	32470	32352.1	0.36%	26915	26869.3	0.17%
污水排放总量（万m^3）	2000	2231.72	11.59%	2618	2676.29	2.23%	2292.22	2284.94	0.32%
二氧化硫浓度（$\mu g/m^3$）	3	3.21	7.06%	7.88	4.3	45.46%	8.1	7.94	1.98%

根据以上系统评价指标模拟值与历史值相对误差的计算结果可以得出，除小部分状态变量的部分相对误差超过5%以外，其他大部分模拟值与历史值的相对误差都在5%以内，由此证明本书所构建的模型描述的系统结构与现实体系的结构基本相符。综上所述，模型描述的系统结构和行为能够比较现实地表达都江堰市城镇建设用地规模系统的结构和行为，也能够用于预测都江堰市城镇建设用地规模在未来各种发展情况下的发展态势。

3. 灵敏度分析

模型灵敏度分析是指利用变换模型的结构和相关参数，来检验模型行为中对上述变化的灵敏程度。常规来看，一个标准的系统动力学模型对多数参数的改变都是不灵敏的。灵敏度的计算公式如下：

$$S_Q = \left| \frac{\Delta Q_{(t)}}{Q_{(t)}} \times \frac{X_{(t)}}{\Delta X_{(t)}} \right| \tag{7.10}$$

式中，S_Q代表状态变量 Q 对参数 X 变化的灵敏度值，$Q_{(t)}$、$X_{(t)}$分别表示状态变量Q和参数X在t时间的值，$\Delta Q_{(t)}$、$\Delta X_{(t)}$分别表示状态变量 Q 和参数 X 相应的变化差值。

首先将模型中的重要参数值从2005~2035年逐年降低5个百分点，然后重新开展系统仿真模拟，通过观测重要参数的变动及其对各个状态变量的影响力度。将各变量的数值代入式（7-15），可统计得到某状态变量对某参数降低5个百分点的多个灵敏度值，然后计算上述灵敏度值的平均值，视为某状态变量对某参数降低5个百分点的灵敏度值。最后通过变换初始值、方程系数、表函数等系统参数得出：模型对绝大多数参数的变动都是不敏感的，但对系统影响较大的参数大多为系统控制变量。所以模型灵敏度检验合格，可进行都江堰市城镇建设用地规模的情景仿真模拟。

7.4.3 未来城镇用地各发展情景构建

利用对系统变量选取不同的数值并加以匹配，可将都江堰市城镇建设用地规模发展模式分为四种，基线发展型、可持续发展型、经济优先发展型、土地集约发展型。根据不同情景社会发展模式的不同规律和情况，分别对各个控制变量取各异的数值，各个控制变量的取值情况如表7-13所示，组合方案见表7-14。

表7-13 各系统变量取值情况（%）

控制变量	现状值	最小值	最大值	平均值
GDP增长率	0.104	0.096	0.12	0.115
人口增长率	0.0086	0.0048	0.0094	0.0054
供水增长率	0.01	0.0096	0.0386	0.0324
居住用地面积增长率	0.0335	0.032	0.037	0.0345
二氧化硫浓度增长率	−0.305	−0.325	0.064	0.0584
污水排放增长率	0.028	0.025	0.036	0.0341

表7-14 系统模拟方案优化组合

控制变量	基线发展型	可持续发展型	经济优先发展型	土地集约发展型
GDP增长率	平均值	最小值	最大值	平均值
人口增长率	平均值	平均值	最大值	最小值
供水增长率	平均值	平均值	平均值	最小值
居住用地面积增长率	平均值	最小值	最大值	最小值
二氧化硫浓度增长率	平均值	最小值	平均值	最小值
污水排放增长率	平均值	最小值	平均值	最小值

7.4.4 城镇建设用地规模情景仿真模拟及结果分析

将上述设定好的不同控制变量的数值依次代入系统动力学模型中，以2020年作为计算基期，2035年为模拟终止年，仿真模拟都江堰市2021—2035年各状态变量的改变值，由此得到2035年各发展模式下都江堰市城镇建设用地规模的仿真值，见表7-15。

表7-15 模拟都江堰市城镇建设用地规模

情景设置	城镇建设用地面积(km²)
基线增长型情景	159.24
可持续发展型情景	141.3
经济优先发展型情景	172.16
土地集约发展型情景	86.53

由表7-15可知，在基线增长型情景条件下，将不考虑人为对城市化的大规模管理、环境保护等影响，按照2005—2020年各历史值平均值发展条件下进行城市发展的模拟，这是常态发展条件下城市发展的情景，模拟得到城镇建设用地面积为159.24km²。在可持续发展的现实情景下，综合考虑社会经济与自然和谐发展的因子，该情景下通过SD模型预测得到的城镇建设面积为141.3km²。通

过SD模型模拟预测经济优先发展型情景中的城镇建设用地最大，为172.16km²，这一情景下，在GDP快速增长的时期，建设用地随之也增长迅速。相反，在基于土地集约发展型情景下，按照土地集约发展，框定总量、限定容量、盘活存量、做优增量、提高质量的发展主题，人口增长率得到控制，达到最低，空气优良率、污水处理率等指标则有明显提升，模拟得到的城镇建设用地规模在2020年历史值的基础规模上有减小的趋势，预测2035年城镇建设用地面积为86.53km²。

7.5 城镇增长边界划定

7.5.1 都江堰市城镇增长刚性边界划定

城镇刚性增长边界是城镇建设不可逾越的边界线，是城镇扩张的“生态安全底线”，城镇的各类开发建设活动都应该控制在刚性边界以内（黄明华等，2012），除非有国家重点建设项目，未来城市的发展不允许超过这个边界。因为用地适宜性评价本身是对各类自然社会要素的综合评价，与本次模拟的内在逻辑基本一致，因此模拟结果与用地适宜性评价结果冲突较小。参考付玲等（2016）划定北京市刚性边界的方法，本书对除去不适宜建设区的最大斑块界线，作为都江堰市的刚性增长边界。边界外围主要为生态自然保护区，是预防水文自然灾害、抑制土壤腐蚀、保护生态环境的重要区域，不进行城镇用地的扩张，并规划对其的保护手段，规划自然保护区、原始森林公园、风景区和郊野公园等以维护这些土地资源。本书为达到划定的刚性UGB能够实现保护基本生态功能的根本目的，刚性UGB的划定选取了都江堰市用地适宜性评价中用地适宜等级为2（一般适宜建设区）、3（比较适宜建设区）及4（适宜建设区）的用地，即用地适宜性评价分值在2.57~3.9范围的区域，占土地总面积的比重为57.05%。利用ArcGIS 10.8软件将适宜性等级为2、3、4的用地范围进行矢量的转出，结合上述对总体规划的分析，并将较大区域融合，得到刚性边界内面积为

592.33 km²，形成都江堰市刚性UGB范围图，如图7-15（a）所示。

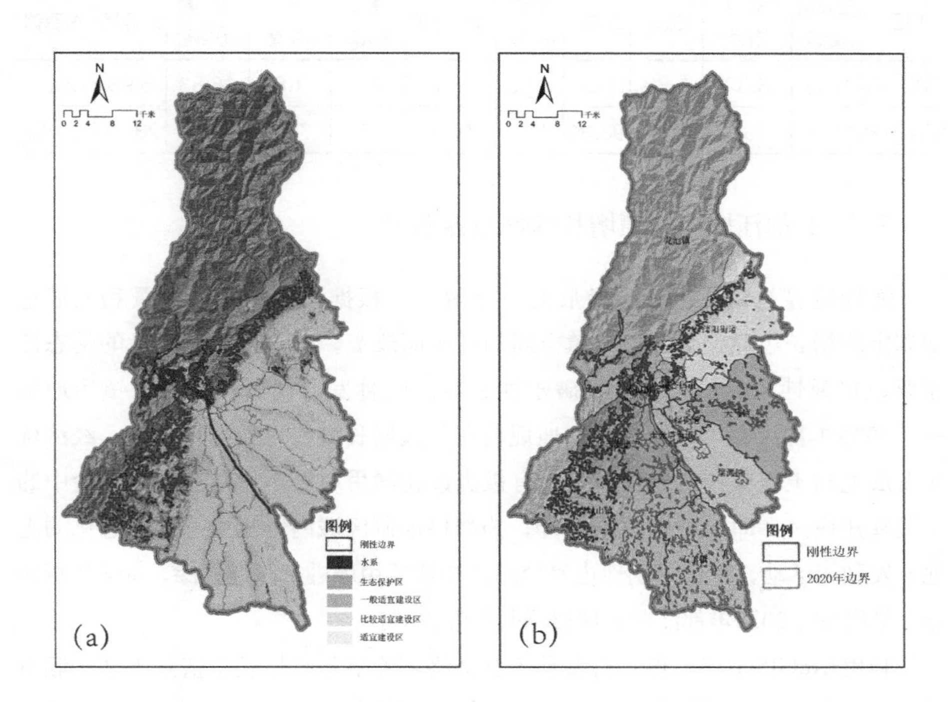

图7-15　都江堰市城镇增长刚性边界图

将划定的城镇增长刚性边界与都江堰市行政区划、都江堰市2020年边界通过ArcGIS 10.8软件叠加在一起，得到图7-15（b）。可以看出刚性边界内包含都江堰市11个镇及街道，其中包含全部奎光塔街道、幸福街道和几乎全部的聚源镇、石羊镇，大部分的银杏街道、灌口街道、蒲阳街道、玉堂街道和青城山镇，极少部分的天马镇和龙池镇。将刚性边界内的各区镇面积与2020年实际的边界内各区镇面积对比，结果见表7-16。从表7-16中可以看出，预测刚性增长边界内的青城山镇、石羊镇、蒲阳街道、聚源镇、玉堂街道面积与2020年边界内面积比相差较大，分别增加了139.97km²、83.34km²、74.43km²、72.07km²、63.81km²。

表7-16　都江堰市城镇增长刚性边界内各区面积与2020年对比（km²）

项目	奎光塔街道	幸福街道	聚源镇	石羊镇	银杏街道	灌口街道	蒲阳街道	玉堂街道	青城山镇	天马镇	龙池镇
2020年	9.01	8.82	5.36	10.57	6.96	4.23	10.57	11.89	18.83	5.93	3.04
刚性边界	11.42	15.6	77.43	93.91	11.5	5.87	85	75.7	158.8	23.48	33.43

7.5.2 都江堰市城镇增长弹性边界划定

弹性边界是指基于城镇发展的各个阶段，根据城镇的发展情景和发展速度划定的增长边界，会随着城镇空间的扩张而改变，以适应城镇建设的动态性需要，但弹性边界绝不可以突破刚性边界。四种发展情景模拟的城镇用地结果，2035年都江堰市城镇建设用地规模在基线增长型、可持续发展型、经济优先发展型与土地集约发展型情景下有极少数新增用地处于用地适宜性评价中的不适宜建设区，即在刚性UGB之外，为严格控制区域内影响生态环境恶化的土地开发利用活动，把位于刚性边界外的新增城镇用地进行筛选剔除，如表7-17所示，最终划定2035年都江堰市城镇增长弹性边界。

利用ArcGIS 10.8软件平台裁剪工具最终剔除后基线增长型情景下都江堰市城镇增长弹性边界面积为154.39km²，如图7-16（a）所示。可持续发展型情景下都江堰市城镇增长弹性边界面积为139.99km²，如图7-16（b）所示。经济优先发展型情景下都江堰市城镇增长弹性边界面积为170.32km²，如图7-16（c）所示。土地集约发展型情景下都江堰市城镇增长弹性边界面积为85.37km²，如图7-16（d）所示。从图7-16中可知，都江堰市的城镇扩张沿着不同方位均有不同程度的城镇扩张，但在向南方向上的城市扩张相对较多，其次是向东方向扩张，向西和向北方向扩张较少。在向南方向上石羊镇扩张最大，其次是青城山镇、玉堂街道和聚源镇。从图7-16中可以看到，向东方向的蒲阳街道和聚源镇扩张较多，其中，聚源镇属农贸大镇，面积广，余地较大，发展了许多特色产业，使城镇用地在该地区利用需求较高而余地较大，主要是由于该地土地面积相对较大。向南方向的石羊镇、青城山镇、玉堂街道相较于2020年扩张了很多，主要是因为都江堰南部地处平原，地势较平坦。而奎光塔街道、幸福街道、银杏街道和灌口街道由于地处中心城区，各区现状可利用新增土地不足，但可以在框定总量的同时，合理优化地盘活存量，但扩张空间始终有限。

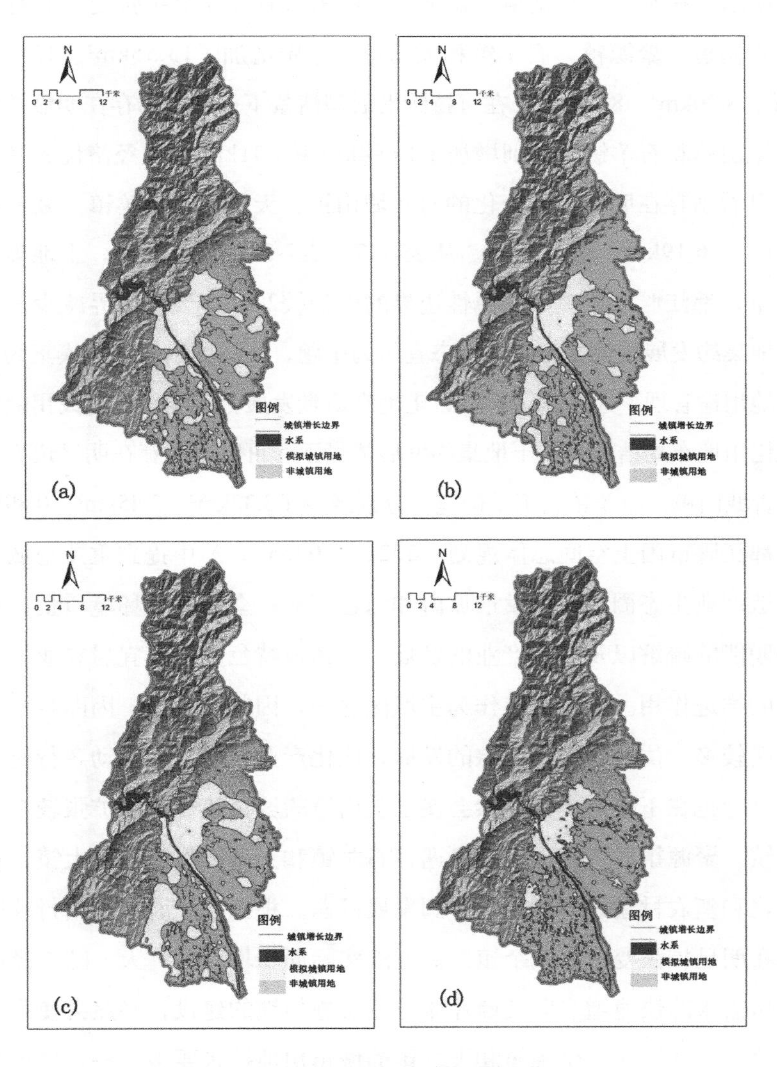

图7-16　都江堰市城镇增长弹性边界图

通过将划定的2035年四种情景下的弹性边界及2020年边界相叠加，如图7-17所示。四种情景之间存在一定的差异，可以看到这两个时期的边界内包含都江堰全部11个镇及街道。通过统计各个边界内各镇及街道的面积情况，如表7-18所示，在基线增长型情景发展下可以看出存在明显扩张变化的有青城山镇、玉堂街道、聚源镇、石羊镇和天马镇，分别增加了13.55km²、10.51km²、8.68km²、8.20km²、8.06km²。在可持续发展型情景下可以看出存在明显扩张变化的有青城山镇和石羊镇，分别增加了19.94km²和5.31km²。在经济优先发展型情景下可以看出存在明显扩张变化的有青城山镇、天马镇和石羊镇，分别增加了26.22km²、16.19km²和15.53km²。从表7-17、表7-18中可以看到，土地集约发展型情景下，都江堰市城镇增长弹性边界的面积较2020年现状边界减少，主要是因为土地集约发展型情景下，以生态宜居为主题，坚持城镇用地规模集约发展、严格土地用途管理，通过盘活存量，土地高质量发展，实现城镇建设用地规模减量，优化用地布局结构。在土地集约发展情景下，可以看到存在明显边界面积较少的有青城山镇、石羊镇、玉堂街道，分别减少了3.32km²、3.45km²、0.89km²。

《都江堰市国土空间总体规划（2021—2035年）》中提到重塑全域产业布局，打造产业生态圈，着重发展旅游和绿色产业，全面改善环境质量，未来对人口和职能的疏解以及推进产业的发展，对建成特色鲜明、宜居宜业的特色镇有很大的推进作用。玉堂街道作为主城区之一，因其面积大，因而余地相对其他主城区较多，依靠基建和文旅的发展，优化产业布局，在带动各行业发展的同时，自身也在不断进步，必然会使玉堂街道的城镇建设用地扩张较多一些。青城山镇、聚源镇得到重大发展机遇，石羊镇和天马镇作为农业大镇，随着城乡一体化和新农村建设的发展，得到发展机遇。根据都江堰市最新行政区划，上述存在明显扩张变化的几个镇及街道的实际面积均有所扩大，随着经济的发展，住房需求的快速增多以及商业服务业设施用地的建设，必然会使石羊镇、青城山镇、玉堂街道、聚源镇和天马镇的城镇用地扩张要多一些，模拟预测结果与实际现状基本吻合（图7-17）。

在城市规划上，确定城镇的弹性边界能够合理地从空间上制约城镇的扩张并使其能够应对在城镇发展中的未知发展境遇。但无论是刚性边界或是弹性边界，在这个整体范围内可能被规划为城镇建设用地，并不意味着可以随意进行用地开发等活动。由于其地区内部有可能会有现状小范围城市建设生态限制因素，所以要基于城镇自然本底条件和经济社会综合情况等，最终确定城市的具体开发模式、规模与强度。

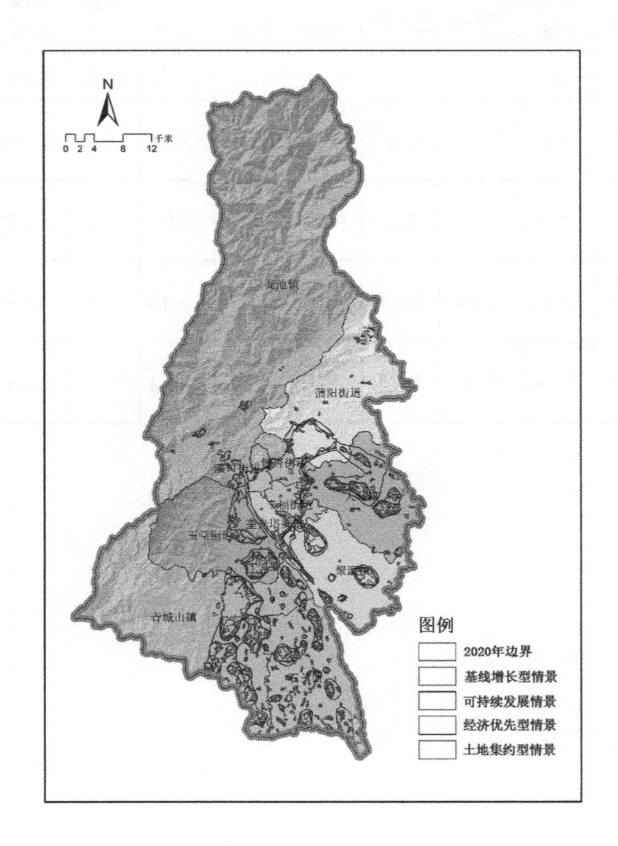

图7-17　都江堰市城镇增长弹性边界扩张情况图

表7-17 最终城镇建设用地面积（单位：km^2）

	基线增长型情景	可持续发展情景	经济优先发展型情景	土地集约发展型情景
剔除前面积	159.19	141.04	172.15	86.28
剔除后面积	154.39	139.99	170.32	85.37
剔除面积	4.8	1.05	1.83	0.91

表7-18 都江堰市城镇增长弹性边界内各区面积表（单位：km^2）

项目	奎光塔街道	幸福街道	聚源镇	石羊镇	银杏街道	灌口街道	蒲阳街道	玉堂街道	青城山镇	天马镇	龙池镇
2020年	9.01	8.82	5.36	10.57	6.96	4.23	10.57	11.89	18.83	5.93	3.04
基线增长型情景	9.93	11.68	14.04	18.77	9.13	4.67	13.53	22.4	32.38	13.99	3.87
可持续发展型情景	9.94	10.75	8.96	15.88	8.48	4.31	12.04	16.68	38.77	10.85	3.33
经济优先发展型情景	9.95	10.49	9.29	26.1	8.76	4.52	15.13	15.88	45.05	22.12	3.03
土地集约发展型情景	8.91	8.64	5.06	7.12	6.92	4.27	10.24	11	15.51	5.1	2.6

第八章　基于PLUS方法的都江堰城镇增长边界划定

本章首先从原理机制和组成模块等角度介绍了Markov-PLUS耦合模型，重点分析了PLUS模型在土地利用斑块模拟方面独特的优势，描述了其LEAS和CARS两大模块的参数设置和运行结构。其次，从土地利用数量变化特征和土地利用结构变化特征两方面入手，运用ArcGIS空间分析和土地利用转移矩阵分析了都江堰市2010~2020年土地利用的动态变化。最终结果显示，在近10年时间里，都江堰市耕地面积共减少12.377km^2，建设用地面积增加11.97km^2。转入类型以建设用地为主，动态度达1.43%；转出类型以耕地为主，约5.86%的耕地转出为建设用地。再次，依据不同年份土地利用数据检验了Markov模型的预测精度。在土地利用数据的基础上，选取自然环境、社会经济和交通区位三个类别的10项驱动因子和限制转化区（“生态保护红线限制区”），模拟2020年都江堰市土地利用格局，并根据Kappa系数验证了Markov-PLUS耦合模型的模拟精度。结果显示，Kappa系数高达0.89，表明其精度较高，可用于城市土地利用变化预测的研究。最后，通过对都江堰市不同情景土地利用模拟预测的城镇用地进行分析，划定了都江堰市的城镇增长边界。

8.1　研究方法概述

（1）文献分析与多源数据采集有机结合

全面系统地查阅梳理与研究主题相关的国内外文献，分析总结都市圈和城镇增长边界的有益研究成果，明晰随着空间结构演变都江堰市城镇增长边界划定及划定效益评价的具体理论基础和研究思路。根据拟定的技术路线和理论分析框架，获取研究所需要的自然环境和社会经济发展现状地理空间数据，并对其进行相应处理，建立完善的研究数据库，为本书的顺利进行做好数据准备工作。

（2）应用案例分析与计量模型相结合

本章将未来土地利用变化的模拟方法应用到都江堰市城镇增长边界的划定上。汲取成功案例有效发展经验反哺研究个案的科学方法，通过空间结构演变特征的总结分析，为都江堰市未来空间结构演变提供有益的指导设定，并根据设定的建设用地数量计算出各城市建设用地目标数量，使用随机森林算法逐个深入挖掘各种数据集，以获得不同土地利用类型的发展概率及驱动因素对这一时期不同土地使用类型扩张的贡献，为后续研究提供科学的数理支撑。

（3）GIS空间分析与多种模型有效集成

依据上述方法获取的研究区各类数据集和计算结果，结合Markov-PLUS、膨胀-腐蚀算法等模型，在ArcGIS 10.8平台完成数据的相关处理和空间分析，分析都江堰市城镇空间结构演变规律和都江堰市土地利用变化特征，模拟都江堰市城镇未来土地利用格局和划定城镇增长边界，构建完善科学的都江堰市城镇增长边界划定评价体系，探索最适宜的都江堰市城镇空间结构和城镇增长管理方案。

目前，用于未来土地利用情景规划的大部分模型，包括FLUS、CA-Markov和CLUE-S模型，这些模型都不足以确定土地利用变化的潜在驱动因素，也无法在时空上捕捉各土地利用斑块的演变，尤其是自然土地利用斑块的演变。然而，土地利用模拟（PLUS）模型可以使用斑块级土地利用模拟模型准确模拟土地利用背后的非线性关系，可以更准确地表示不同未来政策情景下土地利用对城市的潜在影响。因此，在未来土地演替加剧的情况下，需要进行准确模拟未来土地类型发展潜力的研究，下文将对土地利用模拟（PLUS）模型进行详细介绍。

8.1.1 Markov-PLUS耦合模型原理

PLUS（Patch-generating Land Use Simulation）模型是中国地质大学（武汉）的梁勋、关庆峰等研究人员开发的一种模型，用于基于土地类型斑块模拟未来土地利用变化的模型。与其他土地利用模拟模型类似，其原理也基于元胞自动机（CA），但它克服了现有CA模型在转换分析策略和格局分析策略两个方面上的不足（Liang et al.，2021）。以往的土地利用模拟模型是线性的，是基于数值的，没有包括土地利用变化的所有过程。本书采用耦合马尔可夫链和PLUS模型模拟土地利用变化，提高了未来土地利用的预测能力。Markov方法作为一种经典的数理统计模型，是一种基于当前和发展趋势之间的转移概率矩阵来预测未来状况和局势的常用方法。Markov方法不需要连续的时间数据，而只与当前状态相关。这一明显特征与土地利用变化相对接近（陆汝成等，2009）。因此，大量土地利用模拟研究采用Markov方法预测土地数量的目标需求。在土地利用的模拟和预测中，不仅需要通过PLUS模型对驱动因素和土地利用类型现状数据的大量训练来完善土地类型斑块的空间生成机制，还需要考虑未来对各土地类型数量的需求。本章研究利用Markov模型计算土地利用模拟的数量需求，并通过建立Markov-PLUS耦合模型来模拟都江堰市未来的土地利用模式。PLUS模型首先提取两个时期的土地利用数据变化区域。其次，根据内置的土地扩张分析策略（Land Expansion Analysis Strategy，LEAS），获得了变化区域不同土地利用发展概率和驱动因素对变化区域土地扩张的贡献。最后，利用基于多类随机补丁种子的CA模型（CA model based on multi-type random patch seeds，CARS），动态模拟了在发展概率约束下，在时间和空间上自动生成斑块补丁的过程。PLUS模型框架和工作流程如图8-1所示。

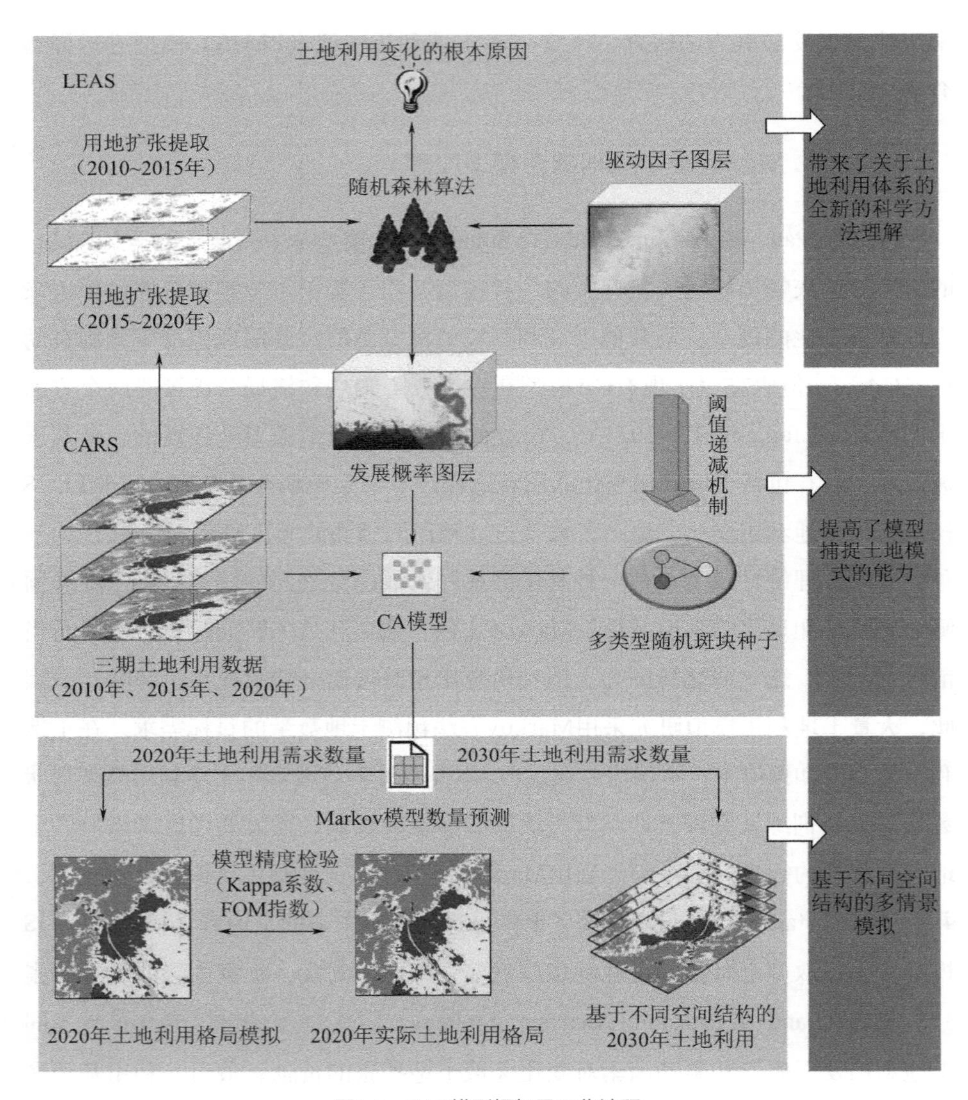

图8-1　PLUS模型框架及工作流程

8.1.1.1　LEAS模块原理及结构

现有的CA模型转换规则挖掘策略可分为两类，即转换分析策略（Transition

Analysis Strategy，TAS）和格局分析策略（Pattern Analysis Strategy，PAS）。TAS策略是通过提取两个时期之间不同土地利用类型转换的样本来训练，利用计算得出的转换概率进行土地利用模拟预测，且转换类型也将随着土地利用类别的增加呈指数增长，导致模型的计算量和复杂性急剧增加，主要应用于Logistic-CA（Chen et al.，2014）和ANN-CA（Omrani et al.，2019）等模型。PAS策略只需要一个时期土地利用数据的土地利用样本，并基于出现概率和土地竞争进行转化模拟。PAS方法适用于多土地类型的模拟，但缺乏时间段的概念和土地利用变化背后驱动机制的挖掘分析。它主要应用于CLUE-S（Verburg et al.，2002）和FLUS（Liu et al.，2017）等模型。

LEAS方法首先将两个时期的土地利用数据进行叠加，从后一期土地利用数据中提取出具有土地类型变化的土地利用单元，并标记具有土地类型变化的土地栅格单元是由何种地类演化而来。此外，对于随机抽样选择的样本点，在挖掘特定土地利用类型的扩展与驱动因素之间的关系时，将根据土地利用类型划分子集。例如，将建设用地的扩展标签设置为1，其他土地类型的扩展标签设置为0，则可以使用特定标签并提取同一位置不同驱动因素的值，以生成训练数据集。最后，使用随机森林算法逐个深入挖掘各种数据集，以获得不同土地利用类型的发展概率以及驱动因素对这一时期不同土地使用类型扩张的贡献。LEAS方法很好地整合了现有TAS和PAS的优势，并保留了模型在一定时间内挖掘土地利用变化内部机制的能力。LEAS模块基于随机森林算法计算在栅格单元 i 处生成土地利用类型 k 的增长概率，具体计算公式在第五章已进行了详细描述。随机森林算法的原理来源于决策树分类，它解决了多维数据之间的多重共线性问题。

8.1.1.2　CARS模块原理及结构

CARS模块通过内部随机种子生成与阈值递减机制的结合，对现有的CA模型进行了较大的改进。基于LEAS生成的发展概率图层，PLUS模型可以在时间和空间上动态模拟未来土地斑块的生成。原理如图8-2所示。CARS模块综合了“自上而下”（即未来土地利用需求）和“自下而上”（即土地斑块之间的竞争）的影响。通过自适应系数，土地利用需求影响模拟过程中各种土地利用类型之间的竞争，驱动不同类型的土地利用类型满足设定的未来土地利用数量需求。

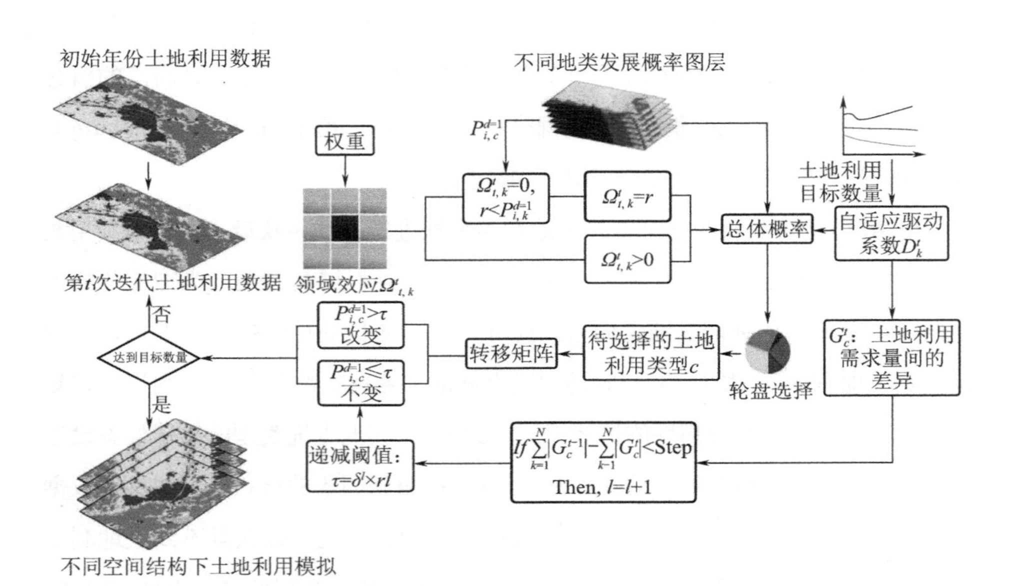

图8-2　CARS模块工作流程

（1）基于未来需求与地类竞争的反馈机制

在目标需求和斑块内部竞争的框架下，土地利用类型 k 的总体概率 $OP_{i,\mathrm{k}}^{d=1,t}$ 的基本公式可以表示为：

$$OP_{i,\mathrm{k}}^{d=1,t} = P_{i,\mathrm{k}}^{d=1} \times \Omega_{i,\mathrm{k}}^{t} \times D_{\mathrm{k}}^{t} \tag{8-1}$$

式中，$P_{i,\mathrm{k}}^{d=1}$ 表示在栅格单元 i 处土地利用类型 K 的增长概率；D_{k}^{t} 是一个自适应的驱动系数，指迭代次数为 t 时，土地利用类型 K 的当前数量与目标数量之间的差距，其计算公式见式（8-3）；$\Omega_{i,k}^{t}$ 表示土地利用类型 k 在其邻域内的覆盖比例，即栅格单元 i 的邻域效应，其计算公式如下：

$$\Omega_{i,k}^{t} = \frac{con(c_i^{t-1} = k)}{n \times n - 1} \times w_k \tag{8-2}$$

其中，$con(c_i^{t-1} = k)$ 表示在 $n \times n$ 窗口内，土地利用类型 k 在最后一次迭代时所占用栅格单元的总数；土地利用类型的改变影响着其领域效应，w_k 是不同土地利用类型的可变权重。

$$D_k^t = \begin{cases} D_k^{t-1}, if \left|G_k^{t-1}\right| \leqslant \left|G_k^{t-2}\right| \\ D_k^{t-1} \times \dfrac{G_k^{t-2}}{G_k^{t-1}}, \ if \quad 0 > G_k^{t-2} > G_k^{t-1} \\ D_k^{t-1} \times \dfrac{G_k^{t-1}}{G_k^{t-2}}, \ if \quad G_k^{t-1} > G_k^{t-2} > 0 \end{cases} \tag{8-3}$$

式中，G_k^{t-1} 和 G_k^{t-2} 分别是土地利用类型 k 第 $t-1$ 次和第 $t-2$ 次迭代的栅格数量与设定目标数量之间的差异。在确定土地利用类型 k 在栅格单元 i 的总体概率后，概率最高的地类享有栅格单元的优先分配权，这并不意味其他地类无法参与选择，CARS通过轮盘随机赌局选择下一次迭代栅格单元 i 的土地利用状态，确保PLUS模型在实际生成斑块时的动态性。

（2）基于递减阈值的多类型随机斑块种子

当土地利用类型 k 的领域效应为0时，CARS采用蒙特卡洛方法(Monte Carlo)在栅格单元 i 处土地利用类型 k 的增长概率 $P_{i,k}^{d=1}$ 表面上生成随机变化的“种子”。

$$OP_{i,k}^{d=1,t} = \begin{cases} P_{i,k}^{d=1} \times (r \times \mu_k) \times D_k^t, if \quad \Omega_{i,k}^t = 0 \ \text{and} \ r < P_{i,k}^{d=1} \\ P_{i,k}^{d=1} \times \Omega_{i,k}^t \times D_k^t, \text{其他} \end{cases} \tag{8-4}$$

式中，r 是0到1范围内的一个随机值；μ_k是生成土地利用类型 k 新斑块的阈值，可由用户自定义。为了约束和调整不同土地利用类型新斑块的生成，CARS在竞争过程中引入阈值递减规则，以限制所有土地利用类型的有机增长和自发增长。例如，土地利用类型 c 在一轮竞争过程中获胜，递减阈值 τ 将在轮盘选择时被用来评估 c ，具体公式如下：

$$if\sum_{k=1}^{N}\left|G_e^{t-1}\right|-\sum_{k=1}^{N}\left|G_c^{t}\right|<Step\quad Then, l=l+1 \tag{8-5}$$

$$\begin{cases} Change P_{i,c}^{d=1}>\tau \text{ and } \mathrm{TM}_{k,c}=1 \\ No\ \ \text{change}\ \ \mathrm{P}_{i,c}^{d=1}\leqslant\tau \text{ or } \mathrm{TM}_{k,c}=0 \end{cases} \tau=\delta^1\times rl \tag{8-6}$$

式中，$Step$是接近土地利用目标需求的步长；δ 取值范围为0~1，是递减阈值 τ 的衰减因子；rl取值范围为0~1，是均值为1且服从正态分布的一个随机值，l 是衰变级数；$TM_{k,c}$是用户定义的转换矩阵，决定着土地利用类型 k 能否转换为类型 c 。通过使用递减阈值 τ ，新的斑块得以在发展概率的约束下自发生长和扩展。

8.1.2 土地利用变化模拟及精度检验

8.1.2.1 驱动因子的选取

国内外对土地利用变化的驱动因素和驱动机制有着丰富的研究成果（Liu et al.，2017；Ma et al.，2017）。土地利用的演变被认为是主要受自然环境、社会经济发展和相关规划政策等多方面的综合影响（马世发等，2017）。许多相关研究认为，驱动因素的选择不仅应考虑研究区域的实际情况，也需要遵循数据的全面性、可获取性、一致性和空间表达等重要原则（冯延伟等，2019；赵祖伦，2019）。数据的全面性意味着在总结现有研究数据类型的基础上，从多角度、多方面尽可能多地使用更多数据，以提高研究的科学性和准确性。数据的可获取性意味着研究应该在现有数据特征和内容的基础上进行，以确保能够获得真实的数据。数据的一致性是指投影坐标系和数据时空分辨率的统一性。空间可表达性意味着采集的数据应该能够执行相应的空间操作，以确保模型的正常运行。本章选取的空间扩张驱动因子包括与自然因子、社会经济发展因子、交通因子等常规城市影响因子。此外，还采用大数据分析对研究区的其他影响因子进行了提取，可以更准确地研究城镇空间中社会活动和经济因素的分布及特征，提高城镇发展潜力预测的可信度。每一种因素包含的各类影响因子见表8-1：利用欧氏距离（Euclidean distance）对各类影响因子进行处理，其公式为：

$$Dist(X,Y)=\sqrt{\sum_{i=1}^{n}(x_i-y_i)^2} \tag{8.7}$$

处理后分别进行归一化处理，其公式为：

$$X_i^{'}=\frac{x_i-\mathrm{MIN}(x_i)}{\mathrm{MAX}(x_i)-\mathrm{MIN}(x_i)} \tag{8.8}$$

分别得到它们在都江堰市范围内的影响热力图，见图8-3。

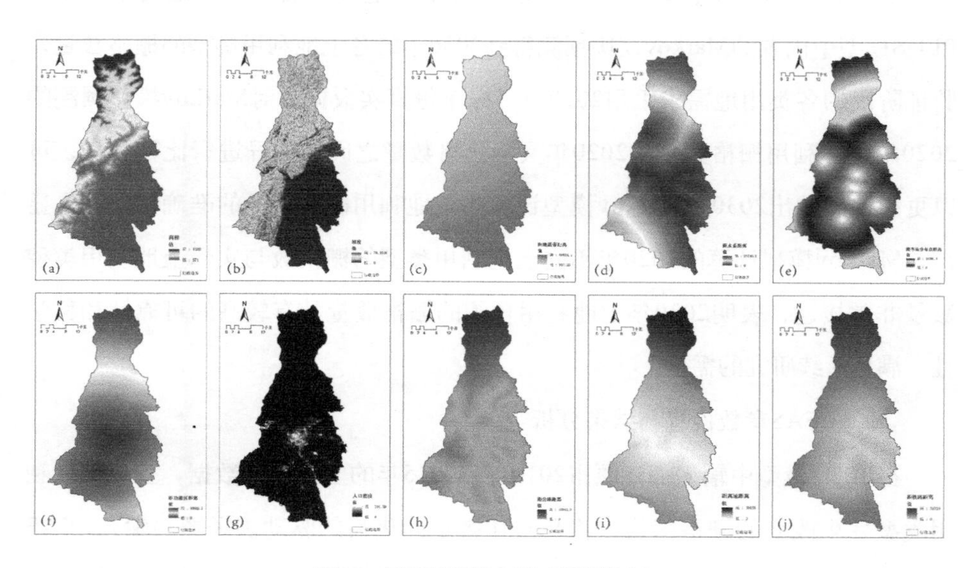

图8-3　影响因子热力图（都江堰市）

表8-1 影响因子

数据类型	名称（影响因子）	单位
自然因子	高程	m
	坡度	°
	距地震带距离	m
	距水系距离	m
社会经济因子	距车站分布点距离	m
	距功能区距离	m
	人口密度	人/km^2
交通因子	距公路距离	m
	距高速距离	m
	距铁路距离	m

8.1.2.2 模型参数设置

（1）未来土地利用数量需求预测

本研究以2010年、2015年和2020年三期土地利用数据为基础数据，通过PLUS模型中内置的Markov模块预测得到2030年的各土地利用类型的栅格数量，验证阶段的各类用地需求采用2020年目标年份真实数据。对Markov模型预测的2020年土地利用栅格数量与2020年实际栅格数量之间的差异进行比较分析，可以更好地测试出2030年Markov模型计算的土地利用栅格数量的准确性。结果显示，Markov模型计算的2020年不同土地利用类型的栅格数与实际土地利用类型数量非常接近，表明2030年土地利用预测的栅格数量具有较高的可靠性和科学性，满足后续研究的需要。

（2）LEAS参数设置与结果分析

在PLUS模型中输入都江堰市2010年和2015年的土地利用数据，生成土地利用类型发生改变的栅格图层，将其与10张空间化后的驱动因子图层输入LEAS模块，获取各类用地的发展概率及各因子贡献值。LEAS模块各类参数设置如下：决策树的数目设为50，选择随机采样方式，采样率设为0.01，训练特征RF的特征个数设为驱动因子的数量10。运行结果显示，各用地类型随机森林训练精度的RMSE（均方根误差）精度较高，分别为0.0669755、0.0927362、0.0713142、0.0602376、0.0787401、0.0676123；OOB RMSE（袋外数据的均方根误差）精度较高，分别为0.226515、0.26767、0.170763、0.185014、0.265277、0.196907，表明生成的地类概率的图层能够精准地用于后续的2030年都江堰市土地利用模拟。LEAS模块在生成6种土地利用类型的发展概率（图8-4）的同时，还揭示了驱动因子与土地利用类型转化的关系，即驱动因子对其他地类转化为特定地类的贡献值（图8-5）。

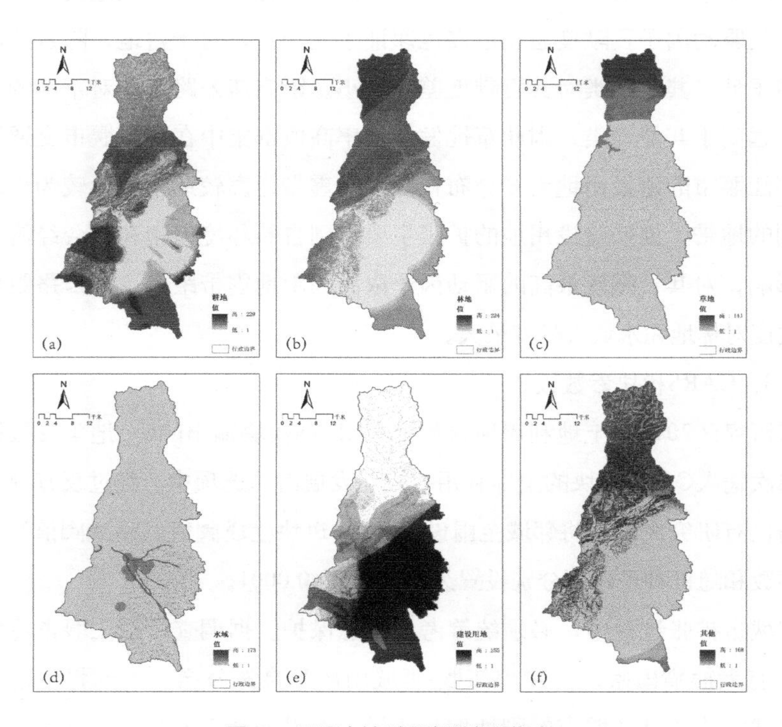

图8-4　不同土地利用类型发展概率

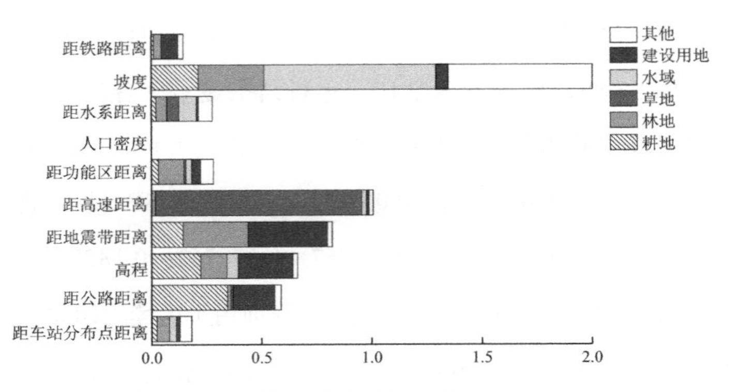

图8-5　驱动因子对不同土地利用类型增长贡献度

根据地类发展概率和驱动因子的贡献值可知，耕地在距公路距离越近和地形平坦的地带发展概率更高，距公路距离、高程、坡度、距地震带距离等自然环境类驱动因子贡献度总和最高也印证了这一点，对于耕地，除自然环境类驱动因子外，其他地类对其贡献度差异较小。距高速公路距离对草地的贡献度最大，远高于其他地类，因此草地发展概率高值都集中在都江堰市交通便利地带。都江堰市的建设用地大多分布在与距地震带距离较远，地形较为平坦且交通便利的地带，说明建设用地的扩张主要受到自然环境因素和社会经济因素综合的影响，对其贡献度最高的驱动因子依次为距地震带距离、距公路距离和高程。坡度对林地和水域贡献度最大。

（3）CARS模块参数设置

将研究区2015年土地利用现状数据与LEAS模块输出的6个地类发展概率的图层依次输入CARS模块的土地利用模式与发展潜力选项中，经过反复测试模型和总结已有研究成果，将邻域范围设置为3，斑块生成阈值（递减阈值）系数、扩散系数和随机种子比例分别设置为0.9、0.1和0.0001。

在城市扩张过程中，必须统筹考虑生态保护。据调查，都江堰市境内自然保护区有大熊猫国家公园和都江堰-青城山风景自然公园。本章将不适宜建设区的界线，作为都江堰市的刚性增长边界。边界外围主要为生态自然保护区，不进行城镇用地的扩张，并规划对其的保护手段。将以上这些区域共同组成“生态保护红线限制区”。本书中的“生态保护红线限制区域”是国家和地方法律法规及政策文件明确禁止用于城市开发的区域。本书将“生态保护红线限制区”设置为CARS模块的限制转化区域，这些区域的地类在未来土地利用变化模拟中不会被改变，以确保“反规划”理论在城市增长边界划定中的落定。

验证阶段将2020年实际土地栅格数量作为CARS模块的土地需求。Matrix转移矩阵规定了是否允许某一地类向另一地类转化，1表示允许转换，0表示不允许转换。邻域权重取值范围为0~1，地类权重值越高，则表明其扩张能力越强，通过对研究区实际2010年和2015年两期土地利用数据的分析，计算不同地类的扩张面积和比例，并在这一基础上对模型进行多次调试，最终确定各土地利用类型的邻域权重值。

8.1.2.3　模拟结果及精度检验

完成CARS模块的参数设置和数据准备工作后，单击Run运行PLUS模型得到模拟的都江堰2020年土地利用图层。通过对2020年实际土地利用格局和模拟土地利用格局目视对比可以看出，相较于实际地类形态，模型模拟的土地利用形态更为紧凑，目视检验反映出两幅图的土地利用相似度极高。为了进一步验证Markov-PLUS耦合模型的模拟精度，采用PLUS内置的Kappa统计工具评估模拟结果和实际土地利用布局的一致性，Kappa系数大于0.75被认为是模拟精度较高的体现，根据模型运行的检验结果，模拟的2020年土地利用数据的Kappa系数高达0.89，表明Markov-PLUS耦合模型和当前设置的参数可以精准地模拟都江堰市未来的土地利用变化。

8.2　城镇增长边界划定

8.2.1　土地利用扩张特征分析

利用ArcGIS 10.8获取研究区土地利用总体变化（表8-2）、面积转移矩阵

（表8-3），可知研究区耕地和林地占主体，2020年分别占比33.91%、52.87%。总体上，耕地和草地均有所减少，但前者减少态势更明显，减少高达12.37km²；林地总面积变化不大；水域和建设用地均有所增加，建设用地增加尤为显著，高达11.97km²；建设用地变化最剧烈，单一动态度达1.43%；耕地转化为建设用地明显，5.86%的耕地转化为建设用地。

表8-2　都江堰市2010~2020年土地利用面积结构及动态变化

地类	2010年		2020年		2010-2020年
	面积(km²)	比例(%)	面积(km²)	比例(%)	单一动态度(%)
耕地	418.6440	34.95	406.2783	33.92	-0.30
林地	632.9556	52.83	633.3350	52.88	0.01
草地	30.5388	2.55	30.5288	2.55	-0.01
水域	20.0628	1.68	20.5500	1.72	0.24
建设用地	83.6568	6.98	95.6290	7.98	1.43
其他用地	11.8764	0.99	11.3539	0.95	-0.44

在空间上，土地利用转移变化最为显著的是耕地、草地和建设用地；建设用地的扩张范围集中在研究区的中部、东南部、东北部地区，该区域多为耕地转换为建设用地，整体呈现从中心城区向周边城镇扩张的趋势。

表8-3　都江堰市2010~2020年都江堰土地利用面积转移矩阵（单位：km²）

地类		2020年							
		耕地	林地	草地	水域	建设用地	其他用地	转出总计	减少
2010年	耕地	381.20	12.16	0.50	0.94	23.77	0.07	418.64	37.44
	林地	11.23	613.10	3.92	0.42	0.77	2.95	632.40	19.30
	草地	0.56	3.39	26.37	0.07	0.04	0.01	30.44	4.07
	水域	0.74	0.43	0.01	18.49	0.31	0.08	20.06	1.57
	建设用地	10.97	0.50	0.06	0.55	71.53	0.04	83.66	12.13
	其他用地	0.07	3.01	0.00	0.00	0.08	8.72	11.88	3.16
	转入总计	404.77	632.60	30.88	20.48	96.49	11.86	1197.08	
	新增	23.57	19.50	4.51	1.98	24.97	3.14		

8.2.2 PLUS模型精度检验

为检验构建的PLUS模型模拟精度，采用2010年土地利用数据，结合2020年实际每类土地利用数量，模拟2020年土地利用空间分布状况（图8-6），并将模拟结果与实际情况比较（表8-4）。数量上，各地类模拟与实际面积接近，误差均小于6%，可知PLUS模型能较准确反映研究区土地利用需求。

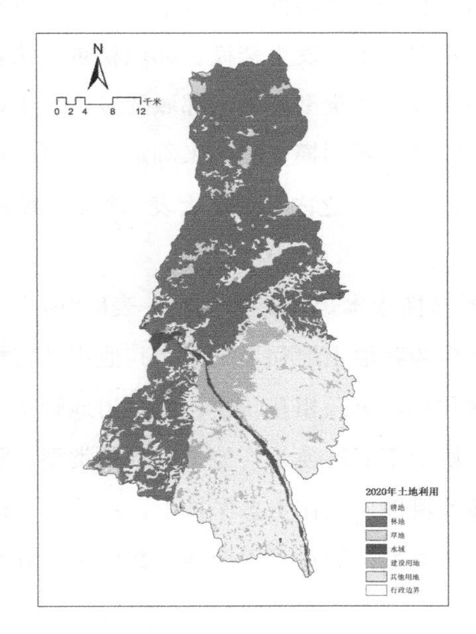

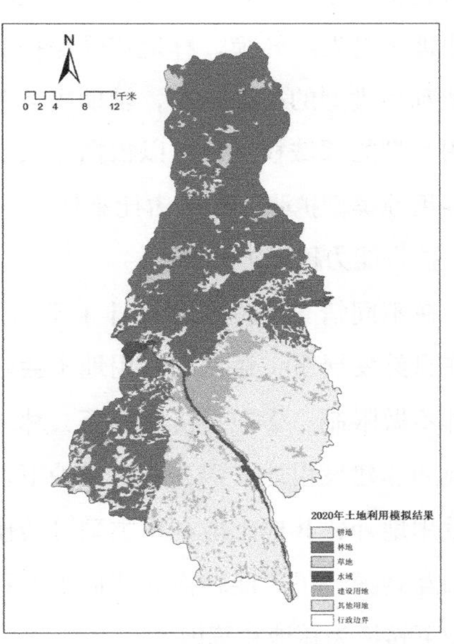

图8-6 2020年土地利用真实与预测结果对比

表8-4 2020年土地利用真实与预测数据对比表

项目	耕地	林地	草地	水域	建设用地	其他用地
实际面积（km^2）	406.278	633.335	30.529	20.550	95.629	11.354
模拟面积（km^2）	407.208	633.222	30.074	19.507	96.036	11.595
模拟误差（%）	0.229	0.018	1.512	5.347	0.425	2.124

8.2.3 多情景下土地利用模拟预测

根据已有研究经验，并考虑土地利用转移变化规律及规划政策，共设置自然发展、经济发展、生态保护和耕地保护4种情景。再基于改进CA模型的CARS模块模拟这4种情景。

首先根据PLUS运算规则设置土地利用成本转移矩阵。土地利用成本转移矩阵仅包括数字0和1，0代表不允许转换，1代表允许转换。一般情况下，城市建设用地不易发生转换，林地在受保护的情况下不易发生转换。邻域权重意味各土地利用类型的扩张强度，辅助决策各土地利用类型产生的邻域效应。各土地利用类型的邻域权重值可以根据专家经验和一系列模型测试来确定，也可以根据各用地类型扩张面积的占比来计算，范围在0~1之内，值越大表示邻域影响越大，扩张能力越强。

在不同情景下，本书设计了不同的转换成本矩阵，如表8-5~表8-8所示：①在自然发展下，通常建设用地不会转换为其他土地利用类型，其他用地转移矩阵不做限制；②在经济发展下，林地和草地可以相互转换，建设用地则不会转换为非建设用地；③在农耕保护下，耕地不能转换为其他土地利用类型，除建设用地外，其他土地利用类型可转换为耕地；④在生态保护下，林地和草地能相互转换，但不能转换为其他土地利用类型，除建设用地外，其他土地利用类型可转换为林地和草地。

表8-5 情景一：自然发展

地类	自然发展				
	耕地	林地	草地	水域	建设用地
耕地	1	1	1	1	1
林地	1	1	1	1	1
草地	1	1	1	1	1
水域	1	1	1	1	1
建设用地	0	0	0	0	1
其他用地	1	1	1	1	1

表8-6　情景二：经济发展

地类	经济发展				
	耕地	林地	草地	水域	建设用地
耕地	1	1	1	1	1
林地	0	1	1	0	0
草地	0	1	1	0	0
水域	1	1	1	1	1
建设用地	0	0	0	0	1
其他用地	1	1	1	1	1

表8-7　情景三：农耕保护

地类	农耕保护				
	耕地	林地	草地	水域	建设用地
耕地	1	0	0	0	0
林地	1	1	1	0	0
草地	1	1	1	0	0
水域	1	1	1	1	1
建设用地	0	1	1	1	1
其他用地	0	0	0	0	1

表8-8　情景四：生态保护

地类	生态保护				
	耕地	林地	草地	水域	建设用地
耕地	1	1	0	0	0
林地	1	1	1	1	0
草地	1	1	1	1	1
水域	1	1	1	1	1
建设用地	1	1	1	1	1
其他用地	0	0	0	0	1

8.2.4 子区域比较分析

为了更准确地分析不同情景下土地利用变化情况，本书选取中心区域的一个子区域进行比较分析。该子区域处于都江堰城市扩张的核心区域，可更加明显地对各场景下土地利用变化情况进行分析。利用PLUS模型结合不同的发展目标和转换成本，可以得到都江堰市2030年多情景下的模拟预测结果。

如图8-7所示，可以看出不同情境设置的扩张特征：①在自然发展下，建设用地扩张最大，没有限制土地利用转换的情况下，城市在无序扩张；②在经济发展下，建设用地只增不减，城市扩张过程向耕地和草地入侵，自然环境受到了较大的侵占；③在农耕保护下，既能够有效控制耕地转换为其余地类的速率，促使耕地得到有效保护、粮食安全得到保障，又不会造成林地、草地两类生态用地大量流失以及建设用地停止扩张，有利于生态保护和经济发展；④在生态保护下，虽然有效地减缓了研究区建设用地向林、草地的扩张规模，但对耕地的保护有限，不利于区域的粮食生产。

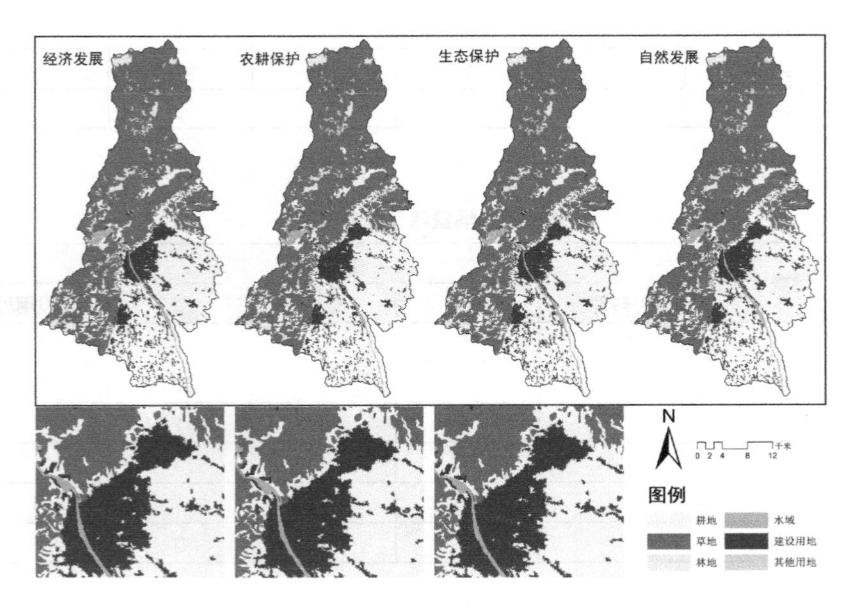

图8-7 都江堰市2030年不同情景土地利用扩张模拟结果

8.2.5　增长边界划定

利用PLUS-UGB模型得到不同情景下都江堰市2030年的UGB划定结果，如表8-9和图8-8所示。可以看出：

（1）在自然发展情景（ND）下，城镇建设面积占区域总面积的9.78%；

（2）在经济发展情景（ED）下，城镇建设面积占区域总面积的9.78%；

（3）在农耕保护情景（FP）下，城镇建设面积占区域总面积的9.15%；

（4）在生态保护情景（EP）下，城镇建设面积占区域总面积的9.15%。

表8-9　不同情景下研究区建设用地占总面积比重

	自然发展（ND）	经济发展（ED）	农耕保护（FP）	生态保护（EP）
建设用地（m^2）	29636	29636	27863	27863
非建设用地（m^2）	302887	302887	304660	304660
占比（%）	9.78	9.78	9.15	9.15

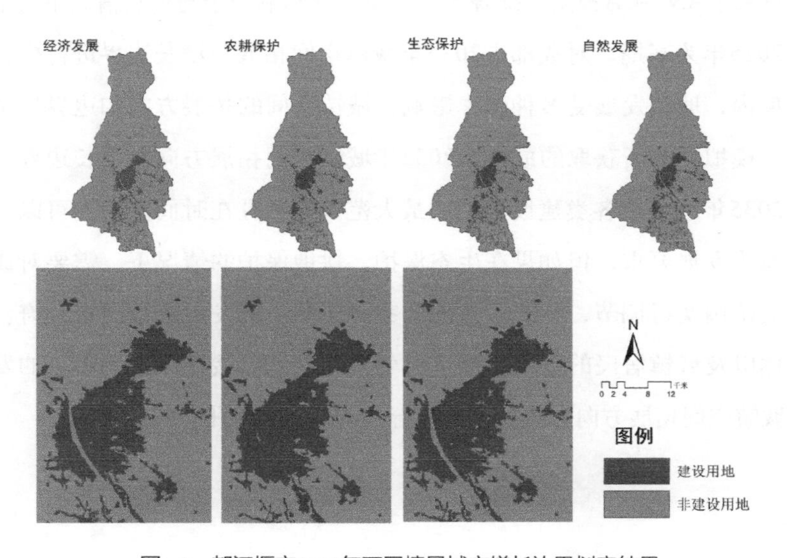

图8-8　都江堰市2030年不同情景城市增长边界划定结果

第九章　基于ANN-CA方法的成都市城镇增长边界划定

将神经网络系统与元胞自动机结合形成的神经网络元胞自动机（ANN-CA）应用于城市空间拓展与演变预测，能够有效甄别研究区域内微观的空间变量，并在城市空间拓展的模拟过程中表现城市空间系统在微观层面上的发展方向与演变特点，避免了传统预测手段带来的负面影响，能够相对准确地确定城市空间拓展的方向和边界范围。

本章基于ANN-CA模型，综合考虑城镇发展影响因子与现实情景下的限制区域，以2015年为基期，对成都市2035年城镇空间拓展与增长边界进行模拟。在一定时期内，城镇发展受多种因素影响，城镇空间的拓展方向和边界也是动态变化的。模拟预测所获取的成都市2035年城镇空间拓展方向与增长边界可能是拓展到2035年后城镇各类建设用地的最大范围，并且在时间空间上可以满足成都市的总体发展要求，但如果在生态保护、耕地保护的情况下，需要对成都市空间拓展范围实行调节，要统筹考虑国家和区域宏观发展政策、市政府、城镇市场主体以及城镇居民的意见，经过科学合理论证，按照以人为中心的发展理念，对城镇空间拓展方向和边界范围进行具体调控和优化。

9.1 研究区概况

9.1.1 研究区范围

成都市是四川省省会，也是全国15个副省级城市之一，地处四川盆地西部，青藏高原东缘，东北与德阳市、东南与资阳市毗邻，南面与眉山市相连，西南与雅安市、西北与阿坝藏族羌族自治州接壤；地理位置介于东经102°54′~104°53′、北纬30°05′~31°26′之间，如图9-1所示。截至2021年底，全市下辖12个市辖区、3个县、代管5个县市，总面积14335km²。成都市有国家级新区——四川天府新区成都直管区，国家自主创新示范区——成都高新技术产业开发区，国家级经济技术开发区——成都经济技术开发区。

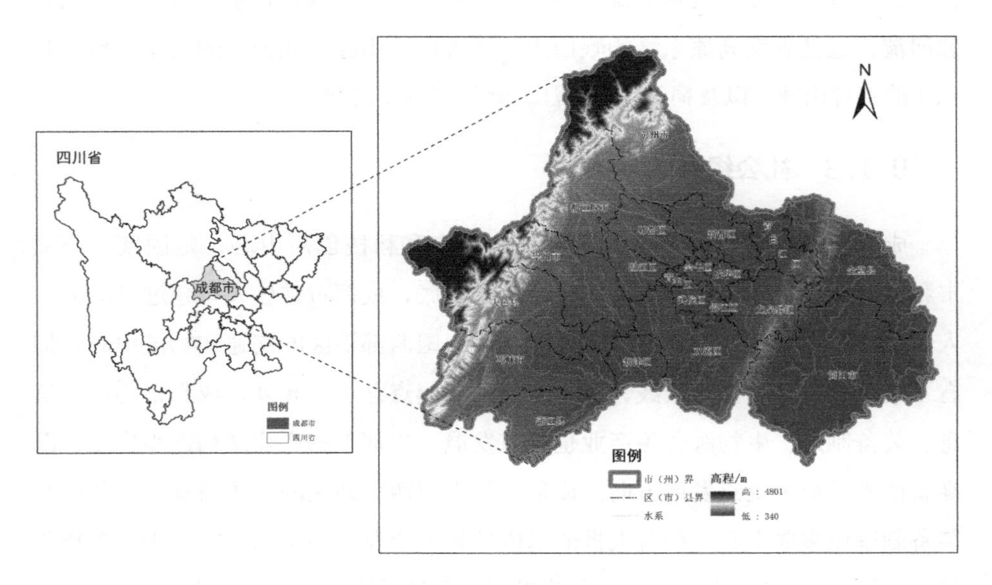

图9-1　研究区位置示意

9.1.2 自然地理条件

成都市地形复杂，主要以平原和丘陵为主，地势西北高，东南低，地形起伏较小，海拔大多在1000~3000m，最高处位于大邑县西岭镇大雪塘（苗基岭），海拔高度为5364m；东部属于四川盆地盆底平原，为岷江、湔江等江河冲积而成，是成都平原的腹心地带，主要由平原、台地和部分低山丘陵组成，海拔高度一般在750m上下，最低处在简阳市沱江出境处河岸，海拔高度为359m。成都市由于巨大的垂直高差，在市域内形成了三分之一平原、三分之一丘陵、三分之一高山的独特地貌类型；由于气候的显著分异，形成明显的不同热量差异的垂直气候带，因而在区域范围内生物资源种类繁多、门类齐全，分布又相对集中，为发展农业和旅游业带来了极为有利的条件。成都市属于亚热带季风气候，四季分明，夏季炎热潮湿，冬季较为寒冷干燥。成都市境内有大量的山脉和河流，包括青藏高原东缘的岷山山脉和大巴山山脉、川西北的崇山峻岭、川东北的秦岭山脉，以及蜀江、金沙江、岷江等重要河流。

9.1.3 社会经济概况

成都市是中国西部地区的重要经济中心和科技创新中心，是国家中心城市和西部地区国际化门户城市。截至2022年底，成都市常住人口超过2126万，人口规模居中国西部城市之首。成都市是中国西部地区的交通和物流中心，拥有多条高速公路和铁路干线，是中欧班列的起点之一。此外，成都市的电子信息、装备制造、生物医药等产业也日益发展。成都市的产业结构逐步优化，以高新技术产业为重点发展方向。成都市是中国西部地区的电子信息产业基地和装备制造业重要中心，拥有大批的国内外知名企业，如华为、富士康、英特尔等。此外，成都市的生物医药、航空航天、新材料等产业也发展迅速。

近年来，随着中国西部大开发战略和“一带一路”倡议的实施，2022年成都地区生产总值20817.5亿元，比上年增长2.8%；三次产业增加值分别为3.8%、

5.5%和1.5%；全社会固定资产投资增长5%；外贸进出口总额8346.4亿元，增长1.6%；未来15年，随着“成渝双城经济区”战略的实施，区域发展将成为中国内陆经济增长的重要一步。成都的规划思路，如统筹城乡发展，注重效率和公平，更加关注市民利益，协调短期和长期发展等。中国城市建成区面积在过去15年增长了近2倍，反映了成都市城镇化的显著效果。因此，成都市需要一个UGB政策来界定UGB的范围，合理引导其城市土地的开发利用。

成都市是我国“两横三纵”的城镇化战略格局中的重要组成部分，是四川省经济增长的核心城市，同时也是人口密集的城市。四川省总体功能区划伴随着西部大开发战略不断推进与实施，成都市内部的居住、工业、交通等建设用地比例持续增加。2022年成都地区地方一般公共预算收入1722.4亿元，同口径增长5.8%；常住人口城镇化率80%，提高0.5个百分点；城乡居民人均可支配收入分别增长4.3%和6.2%；城镇调查失业率5.5%，城镇新增就业25.3万人；居民消费指数价格指数（CPI）为102.4；节能减排和环境保护完成年度目标任务。成都市高新技术产业增长较快，随着成渝经济圈建设发展以来，成都已经逐渐成为我国的信息技术产业中心之一。

9.2 研究方法概述

（1）文献资料调查研究法

经过阅读和深入研究国内外有关UGB的有关书刊和技术文献资料，明晰了城镇增长边界的发展历史、现状以及目前国内外存在的有关问题。通过总结SD模型、ANN-CA模型等有关理论的基本情况，为构建更适用于本书的UGB模型，提供了相关理论基础。

（2）用地适宜性评价

根据生态环境、资源、交通区位等方面对研究区域开展用地适宜性评价，研究得出评价结论，通过对用地适宜性评价结论的分析，划定城镇增长刚性边界，对城市规划的禁止建设区和允许建设区做出具体的界定。

（3）空间模型法

本章在辨析城镇增长边界内涵和功能定位的基础上，运用“反规划”理论，将前文提到的自然生态保护区以及不同等级的生态保护红线作为约束条件，以第七章、第八章中描述的驱动因子作为土地利用变化的驱动力，使用ANN-CA模型对成都市进行土地利用变化模拟，通过膨胀腐蚀算法，划定了成都市2030年城镇增长边界。使用空间模拟技术可将复杂的地形运动过程加以仿真建模，从而确定其发展规律，并有助于预测未来城镇土地的发展趋势。本书基于ANN-CA模型能够模拟城镇空间扩张现象的特性，从而进行模型的搭建，以期预测城镇扩张空间，达到对UGB预测的目的。

9.2.1 相关研究概述

9.2.1.1 元胞自动机的定义及起源

（1）元胞自动机的定义

CA模型具有非常强大的空间数据处理能力，是一种时间、空间和状态离散的网格动力学模型，可用于模拟复杂系统的时空动态演化过程。CA的主要特征之一是它与GIS技术的耦合，可以在城市模拟过程中发挥重要作用。CA和GIS可以相互补充二者的不足。传统的GIS只能解决一定的空间问题，但很难解决城市的时空变化，CA可以弥补这一点。CA有四个基本元素：包括元胞、状态、邻域和转换规则。下面分别解释这四个基本要素。

元胞（Cell）是元胞自动机的基本单元，也是模型的基本单元。状态（State）是指每个元胞产生的一种特定的状态形式，反映了细胞最集中的状态，而这种状态是细胞最重要的属性。邻域（Neighborhood）是指在下一时刻围绕特定元胞所生成的元胞范围。邻域的大小通常决定了这个范围的大小。邻域的类型主要包括Von Neumann邻域和Moore邻域。转换规则（transition rule）是指相邻元胞在受中心元胞影响的下一时刻应用的影响规则。CA的核心是定义转换规则，可以根据不同的应用目的进行定义。转换规则最典型的例子是数学家Conway利用计算机元胞自动机理论发明的“生命游戏”。通过简单的转换规则，将不同的细胞相互转换，以确定“生”和“死”，这是基于多次迭代后的稳定性。传统的CA转换规则只考虑Von Neumann邻域或Moore邻域的影响。函数表达式如下：

$$S_{ij}^{t+1} = fn(S_{ij}^{t}) \tag{9.1}$$

式中，S表示细胞ij的状态；n是单元的邻域，是转换函数中的一个输入变量，f是定义单元从时刻t到下一个时刻$t+1$状态转换的转换函数。或者说，公式中的f是元胞自动机的转换规则，转换规则的定义决定了该元胞自动机的用途和性质。

城市中的转换规则相对来说是比较松散的，通常简单城市的CA模型由以下公式表示：

$$\begin{cases} \text{IF cell}\{x \pm 1, y \pm 1\} \text{ 已经发展为城市用地} \\ \text{THEN } P_{\mathrm{d}}\{x, y\} = \Sigma_{ij \in \Omega} P_{\mathrm{d}}\{i, j\} / 8 \end{cases}$$

$$\& \tag{9.2}$$

$$\begin{cases} \text{IF } P_{\mathrm{d}}\{x, y\} > \text{确定的阈值} \\ \text{THEN cell}\{x, y\} \text{ 发展为城市用地} \end{cases}$$

上述公式反映了一个元胞对城市土地进行转换的过程。在该公式中$P_{\mathrm{d}}\{x, y\}$是$\text{cell}\{x, y\}$的城市发展概率；$\text{cell}\{x, y\}$是Moore邻域范围Ω下的所有元胞，包括中心元胞本身。假设图9-2中的蓝色单元格$\text{cell}\{x, y\}$是根据公式中的情况已开发的城市土地，通过转换规则确定其元胞转化为城市用地的发展概率，并将Moore邻域下对中心元胞周围的八个元胞转化，让其发展为城市用地。

图9-2　城市元胞的转化示意图

（2）元胞自动机的起源发展

元胞自动机与计算机科学的发展密切相关，CA的出现为早期的计算机设计提供了基础。元胞自动机主要起源于20世纪40年代末，当时美国数学家Ulam和Von Neumann使用CA来研究繁殖系统。数学家Conway在1970年开发的“生命游戏”进一步发展了CA，可以被视为CA的典型代表。CA具有强大的空间建模和计算能力，能够模拟具有时空特征的复杂动态系统，并在生物、化学、物理等方面成功模拟了生物繁殖、进化等过程。

9.2.1.2　元胞自动机在城市规划领域的应用

城市作为人类日常生活的场所，已经成为一个复杂的社会系统，城市规划的任务越来越艰巨。地理信息系统（GIS）的进步推动了城市规划并发挥了强大的作用，提高了城市规划中空间数据检索和分析的效率及速度。为了更好地在城市规划领域进行研究，分析复杂多变的城市系统，有必要在GIS中耦合自下而上的CA模型，形成地理模拟系统。通过该系统进行分析，该模型可以在计算机系统的支持下用于模拟、预测、分析和处理复杂的地理现象。由于城市系统是从二维系统演化而来的，因此使用二维CA系统来模拟城市演化更方便、更直观。除了模拟现有的城市空间格局，CA还可以模拟未来的城市发展格局，确定更合理的城市发展模式，为城市的后续发展提供更科学的依据。通过CA模型的应用，可以模拟具有不同特征的城市空间发展模式。

9.2.1.3　地理模拟与优化系统（GeoSOS）

本章采用中山大学黎夏教授及其团队开发的地理模拟与优化系统（Geographical Simulation and Optimization Systems，GeoSOS）软件进行土地利用变化的模拟。GeoSOS是指在计算机软、硬件条件的支持下，通过自下而上的虚拟模拟试验，模拟、预测、优化和显示复杂自然系统的技术。其原理是通过微观个体的局部相互作用形成宏观格局，其本质遵循地理第一定律，即个体越近，相互作用越大。GeoSOS软件耦合了地理模拟和空间优化功能，为预测、优化复杂的地理格局和过程提供了完整的理论、方法和工具，可以完成城镇增长边界划定、城市扩张模拟、土地利用变化、公共设施选址等地理模拟和空间优化过程，能够更科学和智能地为研究者提供决策，并且解决了GIS在对过程进行模拟和优化方面存在严重功能不足的问题，是GIS的重要补充工具。

GeoSOS操作系统主要通过集成三种技术形成：细胞自动机（CA）、多智能体系统（MAS）和生物智能（SI）。GeoSOS的一般表达式定义如下：

$$(S_i^{t+1},\ L_i^{t+1},\ E^{t+1}) = F(S_i^t,\ L_i^t,\ E^t) \tag{9.3}$$

式中，S_i^t 和 L_i^t 表示一个实体 i 的状态或位置，如一个固定的元胞、社会智能体或动物智能体。E^t 主要用于表示环境的作用；F 是用来表征交互的一组规则。本章使用的研究工具以GeoSOS作为理论研究平台，并以CA模型作为后续仿真研究的主要参考逻辑。

9.2.1.4 基于人工神经网络的元胞自动机（ANN-CA）

人工神经网络（Artificial Neural Network，ANN）是一种模仿人脑进行模拟和计算的。它由一系列神经元组成，可以进行复杂的计算，并被广泛应用于各种地理现象中。2002年，Li和Yeh提出了一种使用神经网络进行CA模拟的新方法，即ANN-CA。该方法能够基于不同时期的土地利用数据进行神经元训练，并考虑影响因素的特征获得每种土地利用类型的发展概率，最终进行模拟预测。数学表达式如下：

$$P(k,t,l)=1+(-\ln\gamma)^{\alpha}\times P_{\text{ann}}(k,t,l)\times\Omega_{\text{k}}^{\text{t}}\times\cos(S_{\text{k}}^{\text{t}}) \tag{9.4}$$

式中，$P(k, t, l)$主要表示某个元胞k在时间t时第l种土地利用类型的转换概率=随机因子×人工神经网络计算概率×邻域发展密度×转换适宜性；$(-\ln\gamma)^{\alpha}$是一个随机因素；$P_{\text{ann}}(k, t, l)$是使用经过训练的人工神经网络计算的特定土地类型的转换概率；$\Omega_{\text{k}}^{\text{t}}$是定义的邻域窗口的城市土地密度，即城市土地单元的总数/邻域窗口网格的总数；$\cos(S_{\text{k}}^{\text{t}})$是指两类土地之间转换的适宜性，通常表示为0或1，主要用于表示是否可以转换。

与基于其他转换规则的CA模型相比，ANN-CA具有许多优点，各学者对此有自己的看法。刘鹏俊等认为，ANN-CA可以应用于高效的模拟精度、约束较少的复杂非线性系统。汤燕良等认为，ANN-CA可以准确地确定模型参数和模型结构，可以消除传统模拟方法的缺点。黎夏等认为，ANN-CA模型最大的优点是可以用人工神经网络代替转换规则，而不用手动确定结构和转换规则。人工神经网络可以有效地处理有噪声和不完整的数据，适用于处理非线性描述的复杂系统。

9.2.2 ANN-CA模型方法体系构建

本章使用的系统平台以GeoSOS操作系统为主要操作理论系统，以ANN-CA为主要操作逻辑模式。本章的计算代码主要依托黎夏及其团队提供的ArcGIS插件——GeoSOS for ArcGIS，该插件可以在ArcGIS上运行。GeoSOS的主要逻辑框架图如图9-3所示。从图9-3中可以看出，GeoSOS操作主要依靠输入层、隐藏层和输出层三个层面。在本章中，主要依靠逻辑层中的CA模拟进行操作，并使用系统模型库中的人工神经网络（ANN）作为CA模型的主要转换规则进行研究。

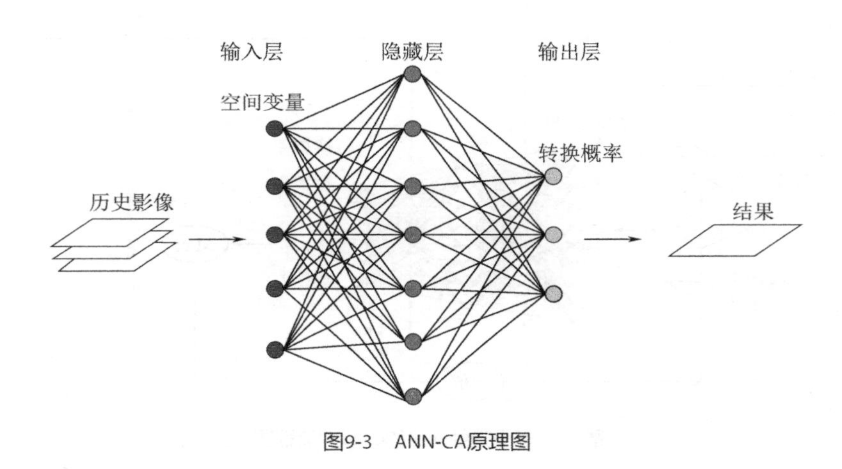

图9-3　ANN-CA原理图

在本次研究的模型ANN-CA中，其主要运行逻辑图如图9-4所示。其运行逻辑主要分为训练和模拟两个流程，训练主要包含输入层、隐藏层、输出层。通过训练得到的结果对模拟预测进行权重赋值，从而得出模拟结果。

通过对上述过程的分析，本章的研究思路基于前面提到的“元胞、状态、邻域和转换规则”四个基本要素，并分别解释了它们在本章研究中所代表的含义。

（1）元胞

基于提取的30m精度土地利用数据，单元格大小确定为30m × 30m，并与前几章中使用的像元大小一致，以确保坐标和网格像素大小保持不变。

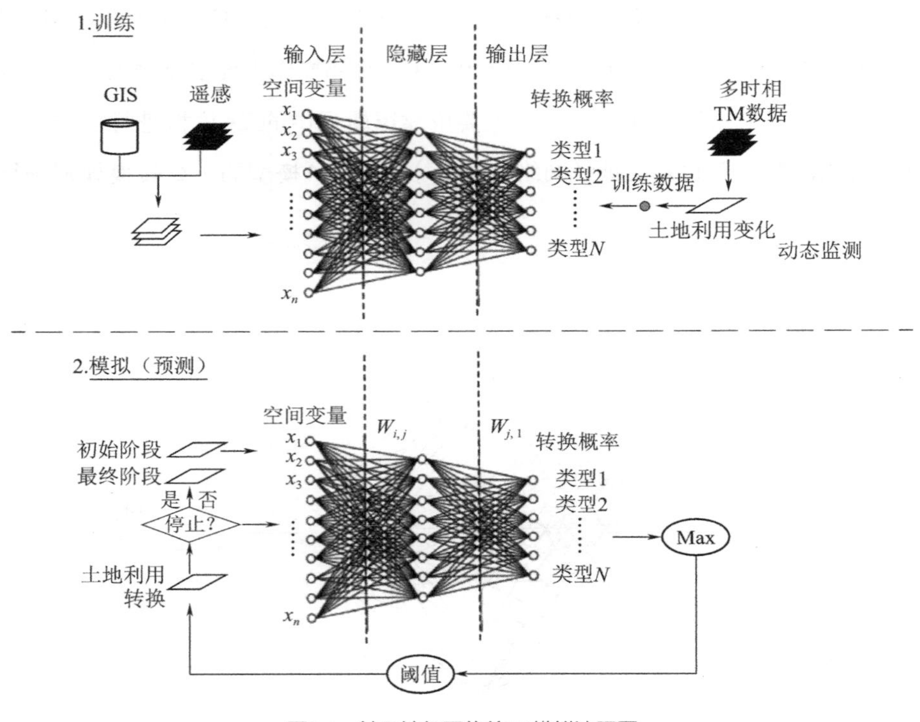

图9-4　基于神经网络的CA模拟流程图

（2）状态

对土地利用数据进行整理，分为耕地、草原、林地、水域、城乡建设用地和未利用地六类。原则上排除了将水域、林地和未利用土地转为建设用地的可能性。

（3）邻域

本章中使用的主要邻域是Moore邻域。Moore邻域主要由中心元胞周围的八个相邻单元格组成，也称为九宫格邻域。

（4）转换规则

本章对城市扩张的模拟主要使用人工神经网络的相关算法，以GeoSOS为相关理论依据，并使用平台为GeoSOS for ArcGIS 的CA模拟器，分别利用2010

年、2015年和2020年的土地利用数据，模拟现有数据之间的不同演变过程，找出适合相应年份的迭代次数、相关变量，以及城市空间扩张影响因素的相关数据。对CA模型进行一定的数据处理，最终找到适合2030年的城市土地开发状况，并最终使用相关内容数据进行模拟。

9.3 适宜性评价

9.3.1 数据收集

1. 矢量数据

（1）道路数据

道路数据反映着成都市的道路交通情况，通过对现实情况的了解和分析对获取的道路线数据进行分级，梳理并连接断头路，删去错误、不连贯的断路，对道路数据进行进一步处理，最终得出高速路、铁路、主要道路（国道、省道和县道）的矢量数据。本次研究的数据获取主要通过开源数据获取网站——OSM（Open Street Map）进行获取。

（2）行政边界数据

针对本次研究获取成都市的行政边界范围。数据由成都市自然资源部门提供。

2. 栅格数据

采用30m×30m的像元大小进行后期的运算，每个像元的面积都为900m^2。

（1）高程数据

数字高程模型（Digital Elevation Model，DEM）数据是反映土地地形高程的实体地面模型。本次研究通过开源数据网站——地理空间数据云中获得30m精度的DEM数据。

（2）土地利用数据

土地利用数据反映着城镇建设的人造地表与其他土地利用的情况，一般包含的土地利用类型有耕地、林地、草地、水体、未利用地、建设用地等。此次研究中共采集了成都市三年的土地利用栅格数据，分别为2010年、2015年、2020年，来源于武汉大学30m分辨率的土地利用数据。本次数据的获取通过开源数据网站——GLOBELAND 30进行获取。

3. 互联网大数据

通过百度地图网站的数据接口进行爬取得到兴趣点（Point of Interest，POI）的矢量点数据，筛选出成都市各个类型的POI数据，根据数据的经纬度信息在Excel中进行分列处理，并导入GIS平台中落入地理空间系统，再通过点数据的类型进行分类，共分为本次研究需要的公共设施、政府机构、医疗保健设施、风景名胜区等4类。

4. 土地利用数据

本书用到的数据主要有成都市范围内2010年、2015年、2020年土地利用数据（分辨率30m）（图9-5~图9-7）；成都市GDEMV2数字高程数据（分辨率30m）；2010~2020年年均降水量数据及其他空间数据。以上数据具体来源见表9-1。

表9-1　空间数据来源汇总

类型	研究数据	资料来源	数据处理
土地	2010年土地利用	武汉大学30m分辨率中国土地覆被数据集	按掩膜提取，按照分类标准进行重分类
	2015年土地利用		
	2020年土地利用		
道路	路网	OSM网站	道路分类，删除错误道路，修正断头路
地形	DEM高程	地理空间数据云	投影、提取边界
	坡度		坡度分析
水资源	水系		水文分析
POI	公共设施	百度地图网站	XY转点、投影、筛选POI
	政府机构		
	医疗保健设施		
	风景名胜区		

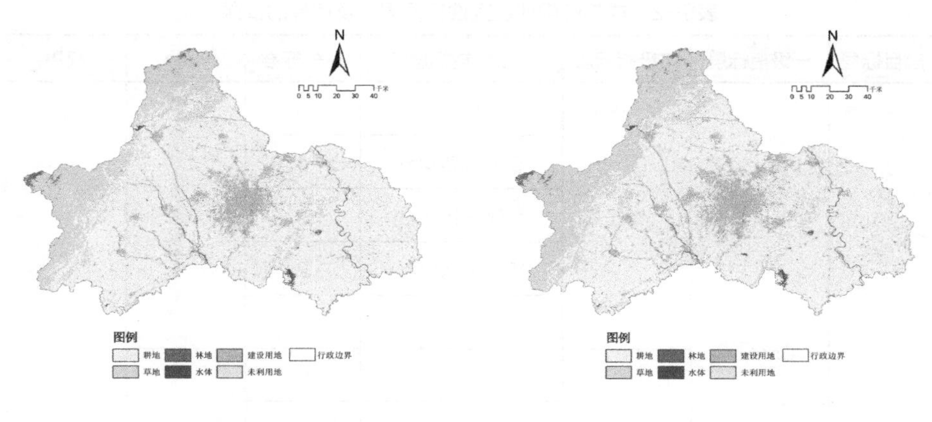

图9-5　2010年成都市土地利用分布图

图9-6　2015年成都市土地利用分布图

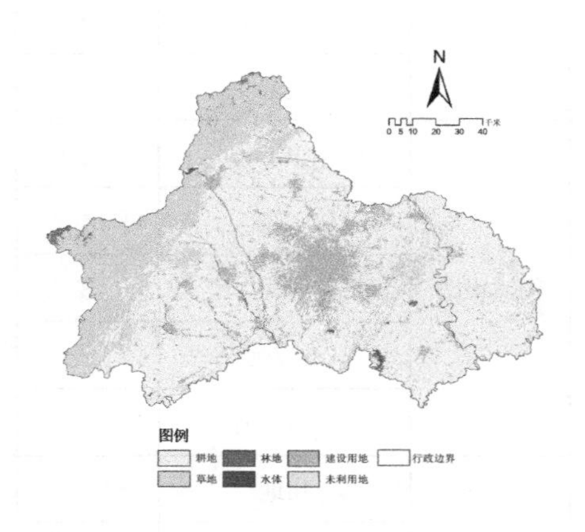

图9-7　2020年成都市土地利用分布图

9.3.2　构建用地适宜性评价指标体系

通过层次分析法（AHP）基于构建两两判断矩阵，计算得到矩阵的平均一致性指标CR=0.05，未超过0.1，通过一致性检验，并采用均方根法统计各因子权重，结果如表9-2所示。

表9-2　成都市用地适宜性评价因子及指标的权重

总目标层	一级指标层	二级指标层	三级指标层	评分标准	得分	权重
自然因子	地形因子	高程	≤900m	5	0.1	0.35
			900~1200m	4		
			1200~1500m	3		
			1500~2500m	2		
			≥2500m	1		
		坡度	≤3°	5	0.15	
			3°~8°	4		
			8°~15°	3		
			15°~25°	2		
			≥25°	1		
	水资源因子	河流水域	≤100m	5	0.1	
			100~300m	4		
			300~500m	3		
			500~700m	2		
			≥700m	1		
	植被覆盖	土地现状类型	耕地	1	0.25	0.25
			水域	0		
			林地	3		
			草地	3		
			建设用地	5		
			未利用土地	0		

续表

总目标层	一级指标层	二级指标层	三级指标层	评分标准	得分	权重
限制因子	水资源因子	河流水域	100~300m	4	0.1	0.1
			300~500m	3		
			500~700m	2		
			≥700m	1		
	空间可达性	地震危险性	高	1	0.05	0.3
			低	3		
		主要道路	≤100m	5	0.15	
			100~500m	4		
			500~1000m	3		
			≥1000m	2		
		高速路	≤100m	5	0.05	
			100~500m	4		
			500~1000m	3		
			≥1000m	2		
		铁路	≤100m	5	0.05	
			100~500m	4		
			500~1000m	3		
			≥1000m	2		

9.3.3　影响因子评价

通过神经网络模型，确定影响因子在城市空间拓展中的权重。利用ArcGIS中的工具和函数构建神经网络模型，并进行模型训练和优化，以得到影响因子的权重参数。利用ArcGIS的空间分析功能，对收集的影响因子数据进行空间分析。利用缓冲区分析、空间插值、空间统计等工具，研究影响因子之间的空间分布和相互关系。除城市空间地形因子、自然环境因子、现状城市土地分类因子、经济环境因子等传统城市影响因子外，还采取了大数据对现代城市影响进行影响因子的提取，能更有效地对城市居民的活动和经济社会要素在城市空间内的分布情况与特征进行更准确的研判，增加城市发展潜力预测的可靠性。利用大数据提取的城市影响因子主要包括商业与公共服务设施分布点、行政机构设施分布点、医疗保健设施分布点等。

将栅格数据转换为同时兼容ArcGIS和Matlab软件的ASCII码格式数据，并利用Euclidean distance（欧氏距离）对各类影响因子进行处理，其公式为：

$$\mathrm{Dist}(X, Y)=\sqrt{\sum_{i=1}^{n}(x_i-y_i)^2} \tag{9.5}$$

处理后分别进行归一化处理[0，1]，其公式为：

$$X_i^{'}(k,t)=[x_i(k,t)-\min]/(\max-\min) \tag{9.6}$$

分别得到它们在成都市范围内的影响热力图，如图9-8所示。

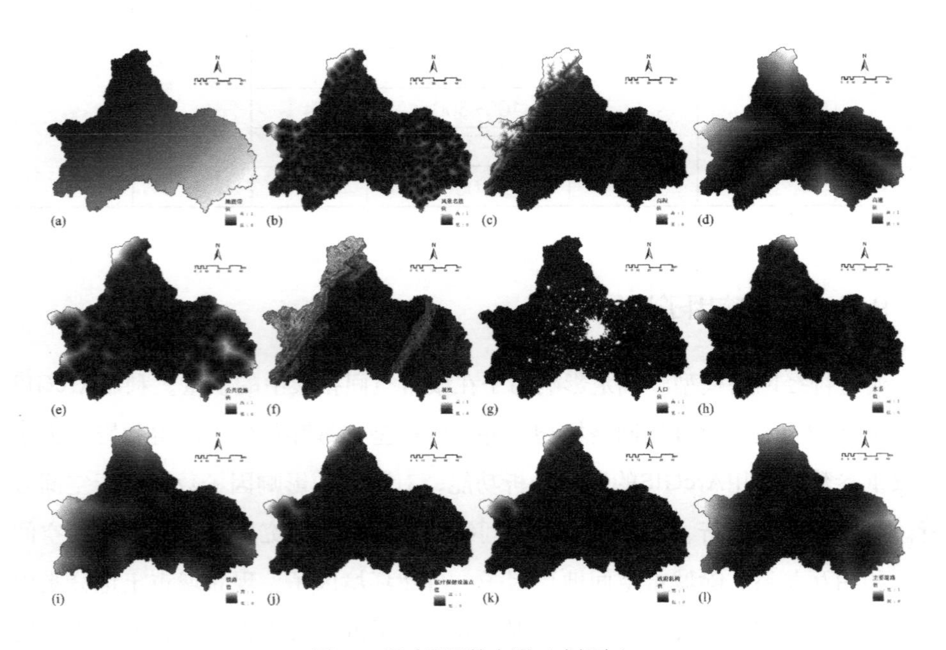

图9-8　影响因子热力图（成都市）

9.4　增长边界划定

9.4.1　ANN-CA城市扩张模拟

9.4.1.1　Markov 预测

在IDRISI软件中进行Markov预测，先将2010年、2015年和2020年成都市的土地利用现状ASCII数据导入IDRISI软件中，转换成软件需要的栅格数据类型。在IDRISI软件中对数据进行重分类后再运用Markov转移获取2000—2015年、2015—2020年、2010—2020年马尔可夫转移概率矩阵（表9-3~表9-5），然后运用Markov-CA 模块，使用马尔可夫转移概率矩阵预测2020年和2035年土地利用类型总量（表9-6）。

表9-3　2010—2015年土地利用转移概率矩阵

土地利用类型	耕地	林地	草地	水体	建设用地	未利用土地
耕地	0.824	0.112	0.003	0.003	0.058	0.000
林地	0.168	0.825	0.007	0.000	0.000	0.000
草地	0.034	0.007	0.782	0.004	0.137	0.037
水体	0.185	0.003	0.003	0.754	0.054	0.000
建设用地	0.001	0.000	0.000	0.105	0.894	0.000
未利用土地	0.006	0.000	0.197	0.000	0.000	0.796

表9-4　2015—2020年土地利用转移概率矩阵

土地利用类型	耕地	林地	草地	水体	建设用地	未利用土地
耕地	0.839	0.110	0.002	0.001	0.048	0.000
林地	0.123	0.875	0.003	0.000	0.000	0.000
草地	0.035	0.074	0.759	0.002	0.111	0.019
水体	0.198	0.001	0.002	0.767	0.031	0.000
建设用地	0.002	0.000	0.000	0.101	0.898	0.000
未利用土地	0.000	0.002	0.382	0.010	0.000	0.607

表9-5 2010—2020年土地利用转移概率矩阵

土地利用类型	耕地	林地	草地	水体	建设用地	未利用土地
耕地	0.780	0.137	0.002	0.003	0.078	0.000
林地	0.138	0.854	0.008	0.000	0.000	0.000
草地	0.038	0.017	0.748	0.003	0.165	0.029
水体	0.269	0.003	0.003	0.660	0.064	0.000
建设用地	0.013	0.000	0.000	0.095	0.892	0.000
未利用土地	0.004	0.004	0.383	0.000	0.000	0.609

表9-6 2015—2035年土地利用类型栅格总量（单位：个）

年份	耕地	林地	草地	水体	建设用地	未利用土地
2015年	1290953	342577	12884	18547	165089	506
2020年	1215715	392959	12148	16957	192235	542
2025年	1146747	438413	11514	15636	217692	555
2035年	1025565	516232	10473	13641	264102	543

9.4.1.2 城市扩张模拟设置

参照初始数据，转化阈值为0.7，值为1。针对扩张模拟过程中的迭代次数，本次研究所参考的主要依据为黎夏及其团队在其实验模拟中所得出的观点，针对未来城镇的CA模拟，需要进行多次迭代来确定该单元是否被转换，从而保证结果的精确性。模拟的起始年份的土地利用数据为2015年的成都市土地利用，主要对比数据为2020年的成都市土地利用数据（图9-6、图9-7）。基于此，本次研究模拟的迭代次数经过了多次试验，包括200次、300次、400次，最终确定400次迭代城镇用地增长截止，故选取400次的研究成果作为最后的城市扩张结果。

9.4.1.3 人工神经网络训练

在使用ANN-CA进行模拟的过程前需要对人工神经网络进行一定的训练，本章研究过程中训练采用的起始年份土地利用数据为2010年的成都市土地利用数据，终止年份的土地利用数据为2015年的成都市土地利用数据。

在软件设置的训练过程中使用的空间变量数据采用的是前面进行过归一化调整的十大城市扩张潜力影响因子数据。抽样比例为5%，邻域窗口大小为7，迭代总次数为300次。

训练结果的误差值越低，得到预测的结果就越准确，且训练和验证数据集的精度越高，得到的结果越好。经过几次试验，将神经网络迭代次数设置为300次，网络训练过程如图9-9所示，当迭代次数为50次时，均方误差已经开始收敛，误差减少几乎为0，网络训练误差曲线趋于平缓。神经网络训练迭代到300次时，神经网络均方误差为0.9395，训练数据集的精度为92.633%；验证数据集的精度为92.609%。基本符合精度的要求，保存该神经网络训练结果，将其用于模拟成都市2020年土地利用演化的转换规则。

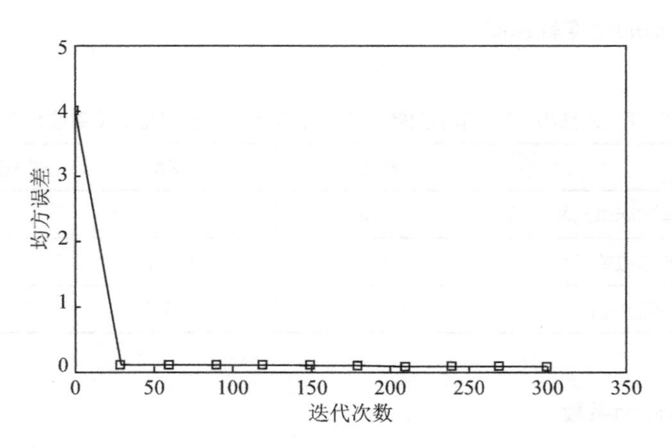

图9-9　人工神经网络训练结果

9.4.1.4 模型精度验证

运用数量检验和空间结构两种方法对ANN-CA模型的模拟精度进行验证。其中数量检验采用的验证方法为数量精度检验，空间格局采用的检验方法是Kappa系数。综合考虑各地类精度以及总体精度的情况下，用来与现状土地利用数据进行对比分析的是转换概率阈值T为0.8、随机参数α为2模拟获得的土地利用数据。

（1）数量验证

利用数量精度误差检验法计算成都市2020年各地类模拟结果与2020年实际结果的误差值如表9-7所示。

本研究采用的数量精度误差检验法的公式为：

$$K=\frac{L_{ia}-L_{ib}}{L_{ia}} \tag{9.7}$$

式中，K表示第i类土地利用类型的误差精度，L_{ia}和L_{ib}分别表示第i类土地利用类型的实际单元总数和模拟单元总数。$K>0$，表示第i类实际单元总数大于模拟单元总数；$K<0$，表示第i类实际单元总数小于模拟单元总数。K的绝对值越小，模型模拟的精度就越高。

表9-7 成都市2020年模拟各地类单元数量情况及误差值（单位：个）

	林地	水体	未利用土地
2020年实际单元数	392959	16957	542
2020年模拟单元数	391425	18547	486
误差值(%)	0.390	9.377	10.332

（2）Kappa系数

利用Kappa系数测定2020年实际土地利用和模拟的土地利用各类土地在空间角度之间一致性程度高低的系数，如表9-8、表9-9所示。Kappa系数由Cohen在1960年提出，仅适用于行数和列数相等的表数据，计算公式为：

$$\text{Kappa} = \frac{P_0 - P_c}{P_p - P_c}, P_0 = \frac{n_1}{n}, P_c = \frac{1}{N} \tag{9.8}$$

式中，P_0为观测一致率即模型正确的模拟比例，P_c表示期望一致率即在随机情况下所期望的模拟比例，P_p表示在状态下正确的模拟比例（一般情况取1），n_1和n分别表示土地利用现状图栅格单元总数、模拟正确的栅格单元总数；N为土地利用类型的数量。

表9-8　2020年模拟各地类混淆矩阵

土地利用类型	耕地	林地	草地	水体	建设用地	未利用土地	总计
耕地	228973	9412	128	136	4512	7	243168
林地	9000	69014	196	1	6	0	78217
草地	64	107	2049	3	173	32	2428
水体	451	3	5	3125	84	2	3670
建设用地	4695	3	8	98	33747	1	38552
未利用土地	0	0	22	1	0	53	76
总计	243183	78539	2408	3364	38522	95	

表9-9　各地类精度检验情况

	耕地	林地	草地	水体	建设用地	未利用土地
错分误差	0.058	0.118	0.156	0.149	0.125	0.303
漏分误差	0.058	0.121	0.149	0.071	0.124	0.442
生产者精度	0.942	0.879	0.851	0.929	0.876	0.558
用户精度	0.942	0.882	0.844	0.851	0.875	0.697

9.4.1.5　模拟结果分析

根据研究区域2015年至2020年的土地利用变化趋势对成都市2035年土地利

用变化情况进行预测，是假设2015年至2035年研究区的自然因素、社会经济因素没有发生较大改变的条件下，对2035年土地利用变化趋势进行预测。本书构建的ANN-CA模型在前面已经成功模拟了研究区2020年的土地利用情况，训练好神经网络和确定参数组合为T=0.8、α=2.0（图9-10）。用重分类的成都市2020年土地利用现状图数据作为预测数据的初始化数据、马尔可夫模块预测的2035年各土地利用类型单元作为模型循环结束的规则，使用确定的神经网络和参数组合运行模型获得成都市2035年土地利用预测结果，如图9-11、表9-10所示。

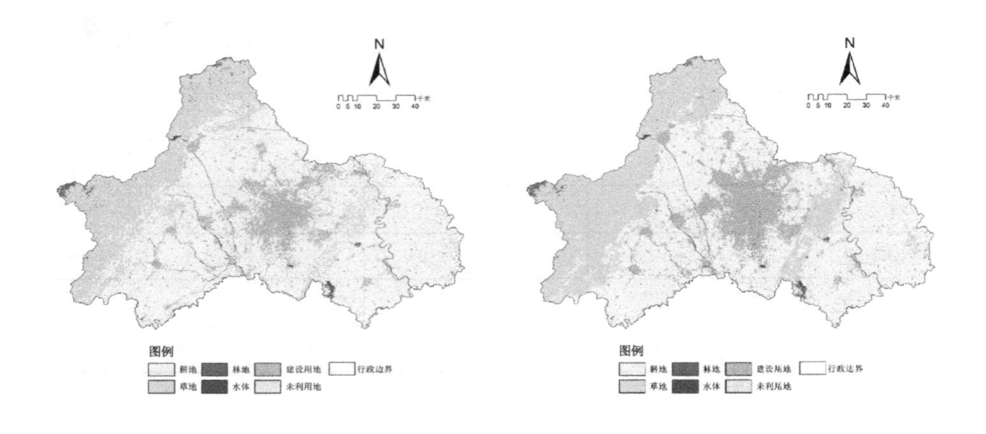

图9-10　2020年实际土地利用图

图9-11　2035年土地利用预测图

表9-10　成都市土地利用变化情况（单位：ha）

土地利用类型	2015年实际面积	2020年实际面积	2035年预测面积
耕地	1050816.39	990464.44	989173.07
林地	276311.03	316487.89	316667.24
草地	9794.58	9278.30	9176.79
水体	14148.94	12977.36	14144.10
建设用地	131227.24	153040.38	153144.63
未利用土地	379.62	400.80	364.11

9.4.2 划定结果

将城市扩张模拟得到的结果中对城乡建设用地的图斑进行提取，利用“膨胀”和“腐蚀”的方法处理模拟过程中过于分散和零碎的建设用地，并消除未转换为城市用地的零散乡村建设用地，最后得到具有现实参考价值与意义的成都市城镇增长边界（图9-12~图9-14）。

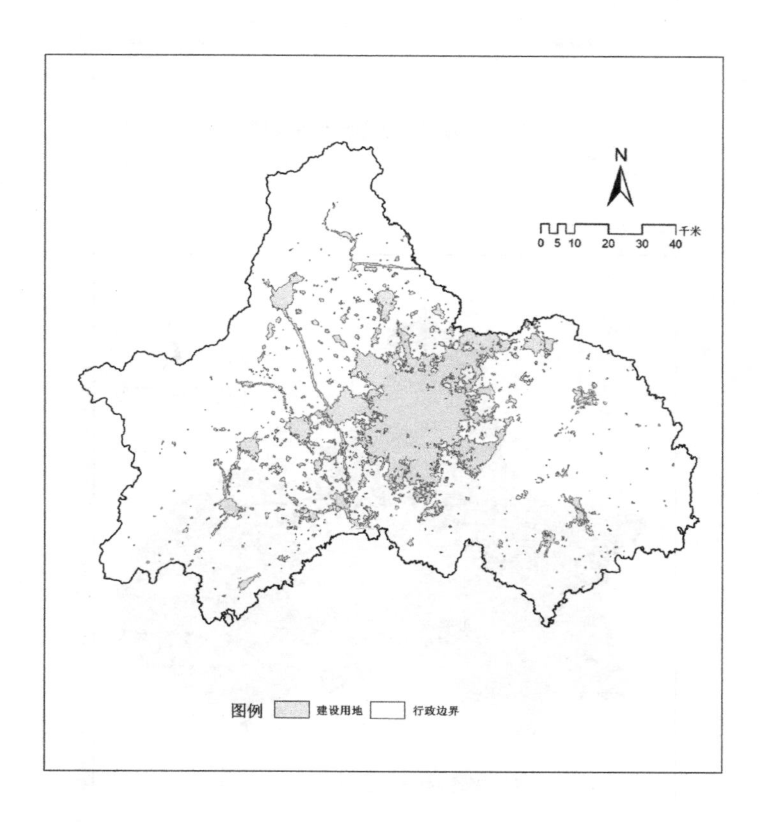

图9-12　2035年成都市建设用地分布情况

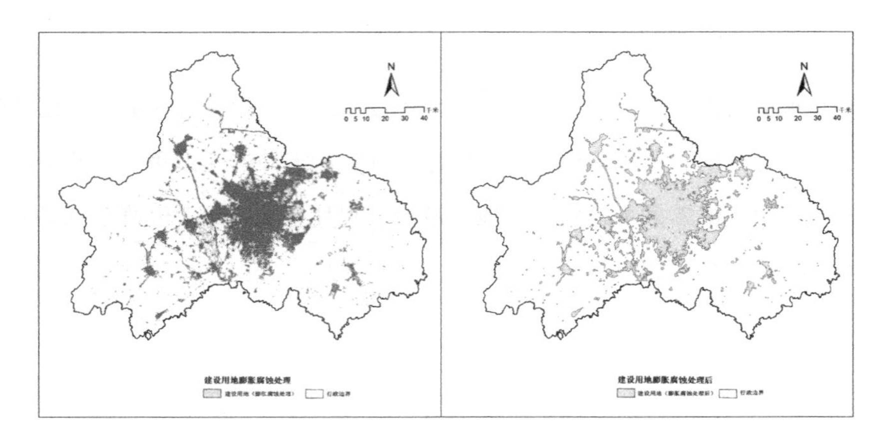

图9-13　建设用地膨胀腐蚀处理后

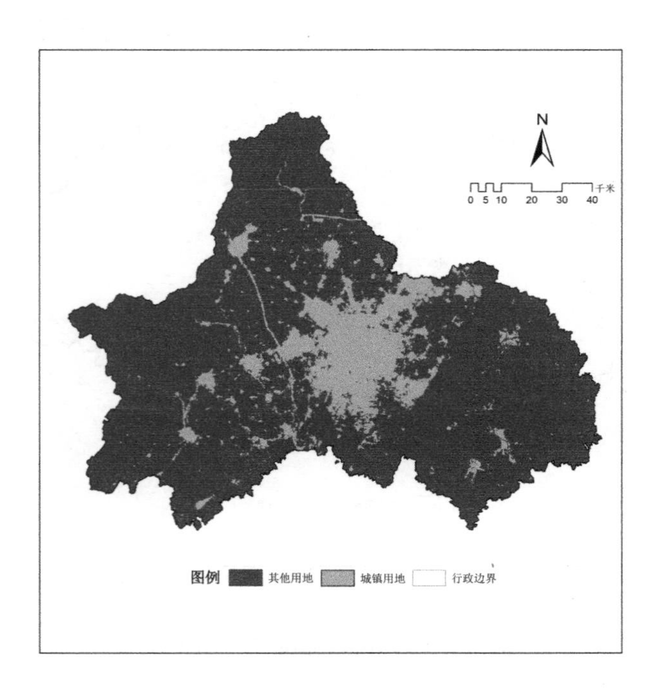

图9-14　2035年成都市城镇增长边界划定结果

ANN-CA模型能够有效地识别研究区域内微观的空间变量。通过神经网络的学习和自适应能力，模型可以捕捉到城市发展的关键要素和驱动因子，从而更好地理解城市空间的演变。相较于传统的城市空间拓展预测方法，该模型综合考虑了城市发展的影响因素，如经济发展、人口增长、土地利用规划等。通过神经网络的学习能力，模型能够将这些因素进行有效的权衡和综合，从而更准确地模拟城市空间的拓展。ANN-CA模型能够避免其可能带来的负面影响。传统方法可能过于简化或忽视了城市发展的复杂性和非线性特征，而ANN-CA模型可以更好地处理这些复杂性和非线性关系。

神经网络元胞自动机（ANN-CA）模型在城镇空间拓展和演变预测方面具有一定的优势，但也存在一定的局限性。在实际应用中，需要综合考虑模型的复杂性、数据需求、解释性和建模假设，以确保模型能够产生可靠、准确且有用的结果，并在决策制定和规划实践中发挥有效的作用。同时，需要进一步研究和发展多学科的方法和工具，以提高城镇空间拓展预测的准确性和可操作性。

第十章 结合生态网络与PLUS方法的成都市增长边界划定

本章将通过引入“城市低活力用地”和“城市发展潜力用地”两种新的用地形式，引导其参与到城市扩张研究与动态的增长边界划定中，从而将城市增长研究的视角引入人类活动对城市扩张的影响，让它们在UGB划定过程中扮演重要角色。同时，结合识别生态网络作为严格限制城市增长、保护生态环境安全、形成良好的生态景观格局的途径。

对于城市规划者来说，预测未来城镇的发展方向十分重要，除了地形、交通、河流、人口等相关的影响因素，人类在各个地段内的活动规律也是重要的影响因素，获取并使用这些影响因素在以前是一个难题。得益于大数据的数据采集与处理技术，能够清楚地识别出在一段时间内地域空间内的人类活动情况，通过与遥感图像的对比，可以区分出城镇中存在着使用效率低下、活力不足的区域，也可以识别到具有发展潜力的非城镇用地。UGB作为一个动态的政策工具，在实施的过程中不可一味地以追求城市外延式增长，而应该选择合适的用地进行适当外延扩张及对低效土地进行再开发，这一过程也应该体现在UGB划定的过程中。

本章将以成都市为研究区域，为其识别出大量的城镇低效用地和发展潜力用地，并将其纳入扩张模拟和UGB划定中，同时结合生态敏感性评价构筑生态网络作为刚性的增长边界，形成未来15年的城镇用地发展和控制策略及生态景观格局。在长达15年的动态模拟的过程中，低效用地不断减少，满足了相当一部分的城市扩张需求。在当地政府执行UGB计划时，应依据每五年的UGB规划与当地实际情况确定每年的外延扩张方向和低效用地再开发的数量，以保证空间扩张和存量开发的有序性。

10.1　研究方法概述

10.1.1　相关研究方法

（1）文献研究方法

在大量收集、研究和分析国内外学者相关文献的基础上，阐明城镇空间增长边界的研究现状，深入了解城镇空间增长边界划定方法的研究成果。在众多文献中，本书主要对城镇空间增长边界的划定方法及其实证研究进行了有针对性的研究和反思。在此基础上，分析总结了每种划界方法的异同、优缺点和适用条件，并在此基础上提出了本书的方向。相关文献的回顾过程为本书思路的形成和研究框架的构建提供了理论依据和实践支持。

（2）定量与定性相结合

在本书的实际研究阶段，使用基于地类斑块模拟未来土地利用变化的模型模拟成都市的城市空间增长，首先在各类空间驱动因素的影响和生态网络的约束条件下形成了其城市空间增长边界的弹性边界；其次，根据成都市生态保护红线，确定了城市空间增长边界的刚性边界。本书运用定性分析和研究方法，综合考虑成都市土地利用总体规划、城市总体规划和环境保护相关规划等城市发展战略的影响，确定并提取其对城市增长的空间扩展结构，并将其应用于成都市城市空间增长边界的划定过程中，以明确研究区未来逐渐稳定的空间扩张骨架。在整个研究过程中，将定性分析中的“质”应用于定量分析中的“量”的变化过程，实现了“质”与“量”并重，从而保证了研究结果的科学性和可适性。

（3）结合生态网络的UGB划定方法

本章在研究城市空间增长边界划定方法过程中，分析和总结了以往的研究成果，对每种方法的出发点、可行性和适应性进行了比较和分析，发现了现有划定方法的优缺点和进一步研究的技术障碍。刚性增长边界是城镇建设不可逾越的边界线，是城镇扩张的“生态安全底线”，城市的各类开发建设活动都应该控制在刚性边界以内。生态网络是对各自然、社会要素的综合评价，生态网络的划定是从研究区生态功能的角度出发，进一步延伸生态保护边界的功能，以保证生态功能、环境质量安全和资源利用，并进一步引导城市在适当的范围内扩展。同时，它可以形成一个完整的网络，既有生态保护功能，又有娱乐功能。本章除去不适宜建设区的最大斑块界限，将生态网络作为成都市的刚性增长边界。

结合生态网络的生态安全系统，在PLUS模型中采用随机森林法计算各土地利用的未来发展概率。在生态网络的约束条件下，采用随机种子元胞自动机（CA）预测方法模拟未来的土地利用情况。

10.1.2 PLUS模型的参数设置和运行

在生态网络识别和制图的基础上，将生态网络作为限制条件，运用PLUS模型来评估城市增长的可能方向和未来城市扩张的边界。在运行PLUS模型之前，需要确定和设置一些参数，如城市发展方向、人口增长率、土地可用性等。同时，还需要考虑到生态网络作为限制区域的特殊性质，如生态环境的保护程度、生态系统的稳定性等。

为了更加精准地模拟各种类型用地的扩张情况，我们采用了Liang等开发的PLUS模型。与CLUE-S和FLUS等模型缺乏对一段时间内土地利用变化机制建模不同，该模型应用新的分析策略，可以更好地挖掘各类土地利用变化的诱因。PLUS包含多类种子生长机制，并与多目标优化算法耦合可以更好地模拟多类土地利用斑块级的变化。以下将对PLUS模型的各模块的参数设置和运行详细介绍。

1. 用地扩张分析策略（LEAS）

提取2015~2020年土地利用变化各类用地扩张的部分，并从增加部分中采样，采用随机森林算法逐一对各类土地利用扩张和驱动力的因素进行挖掘，以模拟各个用地类型在同一地理空间的出现概率。参考之前的文献，我们选择了到道路距离、到铁路距离、到轨道交通距离、高程、坡度五大空间驱动因素。LEAS模块中随机森林参数设置如下：使用Uniform Sampling方法，决策树为20，采样率为0.01，用于训练随机森林的特征数为5，与驱动因子数相同。约束图是一个二进制图像，其中1表示该土地利用类型可以转换为其他土地利用类型，0表示该土地利用类型无法转换为其他土地利用类型，我们设置了生态网络用地与河流湿地用地为禁止建设区。最终获取了5类用地的发展概率，可以看到，城镇活力区的发展更有可能靠近城市的外围，而生态用地发展则远离城市地区。

2. 基于多类随机斑块种子的CA预测（CARS）

该模块结合了Random种子生成和阈值降低机制。然后，在LEAS生成的发展概率约束下，动态模拟在时间和空间上自动生成斑块。如表10-1所示，展示了成都市各类用地的邻域权重，表10-2展示了各类用地的转化矩阵，1表示用地可以参与转化，0则表示不可以。由于生态用地的特性，不参与任何用地转化。

表10-1　成都市地类邻域权重值

用地类型	城市活力用地	城市发展潜力用地	城市低效用地	其他非城镇用地	生态用地
邻域权重	02	0.25	0.2	0.15	0.2

表10-2　成都市地类转化成本矩阵

用地类型	城市活力用地	城市发展潜力用地	城市低效用地	其他非城镇用地	生态用地
城市活力用地	1	1	0	0	0
城市发展潜力用地	1	1	0	0	0
城市低效用地	1	1	1	0	0
其他非城镇用地	1	1	1	1	0
生态用地	0	0	0	0	1

3. 模型检验

为了验证预测精度，采用Kappa系数和FOM系数检验模拟精度。其中，Kappa系数是一种用于评价影响分类结果一致性的检验方法。Kappa系数越高，模拟结果的准确性越高。FOM系数是一种性能评价方法，它是准确预测的样本与其他样本的比值。FOM值越高，模拟精度越高。

4. 结合模型结果进行边界划定

运行PLUS模型后，将得到一些概率边界或增长趋势，通过结合生态网络的限制条件，可以确定最终的城镇增长边界。同时，在确定边界的过程中，还需要考虑其他因素，如社会经济发展、城市规划和土地利用政策等，以保证边界的可行性和可持续性。

10.2　生态网络识别

在生态网络与PLUS模型的结合中，首先需要确定生态网络的范围和空间分布。这可以通过利用卫星图像、遥感技术和地理信息系统（GIS）等工具，对研究区域进行生态环境要素分析和生态网络制图。通过这些分析工具，可以识别出区域内的不同生态环境类型和生态系统，以及它们之间的相互关系。以下对生态网络构建的方法进行概述。

1. 通过生态敏感性评价识别生态源

生态敏感性评价：根据生态系统类型和环境因素，建立评价指标体系，综合评价生态系统对不同环境因素的敏感程度，确定不同区域的生态敏感性等级。在生态敏感性评价的基础上，识别出生态源的位置和范围（图10-1）。生态源识别的具体步骤如下。

（1）确定评价指标：生态敏感性评价需要选择合适的指标来评估土地的生态价值和脆弱性。常用的指标包括土地利用类型、地形地貌、土地覆盖度、生态系统服务功能等。本书对研究区的生态敏感性进行评价，初步分析研究区的自然条件、社会经济和政策因素，为未来城市土地扩张提供合适的土地。通过评价筛选出不适合城市扩张的土地。结合研究区实际情况，确定了评价体系选择所涉及的10个指标（如地形、生态、水文、土地利用和土地覆盖等）。值得注意的是，研究区地处青藏高原东部边缘，地震等地质灾害频繁发生，对当地生态敏感度和城市发展影响显著。因此，地质灾害发生的频率和空间分布以及与断裂带的距离也是评价中的一个重要指标。

（2）采集数据：根据所选的评价指标，采集相应的数据。数据来源可以包括遥感影像、地形图、地理信息系统（GIS）数据、土壤采样等。

（3）制作评价图：利用采集的数据，制作生态敏感性评价图。评价图可以通过GIS软件进行制作，包括数据处理、指标加权、分级处理等。在本研究中通过层次分析法确定权重（表10-3）。

（4）确定评价等级：根据生态敏感性评价图，对土地进行分类，确定评价等级。评价等级一般分为高、中、低三个等级，用于指导土地的开发和利用。本书通过自然断裂法将指标划分为3~5个等级，并通过上述的层次分析法确定权重，基于ArcGIS平台，根据上述进行叠加分析采用上述决定因素叠加法，得到研究区生态敏感性综合评价结果（表10-4）。最后，采用5个等级，利用ArcGIS Aggregate Polygons工具将距离小于1000m的高敏感斑块进行聚合，形成研究区的生态底线区域。最后，将生态敏感性为高和较高的区域的斑块由大到小排序，选择面积排名前10%且面积不小于100hm²的斑块为生态源，其余斑块为生态源，被定义为生态目标。

表10-3 生态敏感性评价

评价因子	权重	等级				
		9	7	5	3	1
高度(m)	0.15	2864~6507	1859~2864	1061~1859	589~1061	225~598
坡度 (%)	0.15	41.89~82.6	24.1~41.89	13.21~24.1	4.51~13.21	0~4.51
地形起伏度 (m)	0.1	1555~4980	578~1555	173~578	56~173	0~56
到河流和湖泊的距离 (m)	0.05	0~12075	12075~28980	28980~48784	48784~73901	73901~123168
到地震带的距离 (m)	0.1	0~64332	64332~96783	96783~120972	120792~18993	18993~264422
2020年地质灾害的频率(次)	0.15	4785~5982	3589~4785	2392~3589	1196~2392	0~1196
NDVI植被覆盖率 (%)	0.1	0.63~0.99	0.52~0.63	0.40~0.52	0.23~0.40	0~0.23
土壤平均值侵蚀度(t/km²·a)	0.1	8000~15000	5000~8000	2500~5000	1000~2500	<200
土地利用类型	0.1	裸地、湿地	—	农田、林地、草地	—	城镇用地
已识别或计划的生态用地	自然保护区, 森林公园, 规划的生态廊道					

表10-4 生态敏感性综合评价结果

等级	值
较低	25~59
低	60~75
中等	76~95
高	96~119
较高	120~181

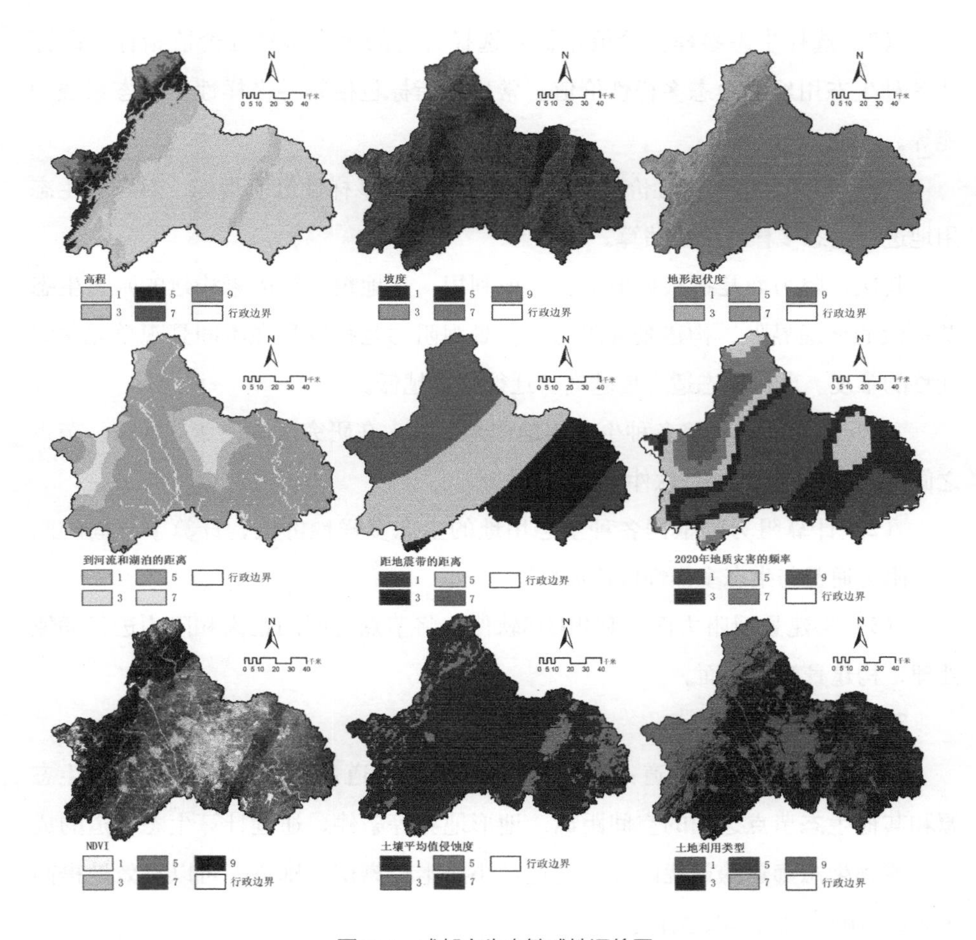

图10-1　成都市生态敏感性评价图

2. 通过生态多样性价值土地的估算构建景观阻力面

首先，通过对生态敏感性评价的结果和阻力面的分析，确定生态源的扩散范围和边界。在分配景观阻力时，本书中各生态单元的景观阻力值是参照相关研究对中国各种生态用地生态多样性价值土地的估算确定的。

（1）确定生态用地类型：根据研究区域的生态用地类型和生态敏感性评价结果，确定生态用地类型。生态用地类型包括湿地、森林、草原、农田等。

（2）选择生态多样性价值指标：选择合适的生态多样性价值指标，以评估各种生态用地的生态多样性价值。常用的指标包括物种多样性、生态系统功能等。

（3）估算生态多样性价值：根据所选的生态多样性价值指标，对各种生态用地进行生态多样性价值估算。

其次，阻力面是指根据地形、土地利用、土地覆盖等因素构建的阻止生态源扩散的地理界限。构建景观阻力面。景观阻力是指物种在不同景观单元之间迁移的难度。斑块生态适宜度越高，迁徙难度越低。

（1）建立网络：将各种生态用地作为节点，在研究区域内建立网络。节点之间的距离可以通过GIS软件进行计算。

（2）计算阻力：根据各种生态用地的生态多样性价值，计算节点间的阻力。阻力通常与生态多样性价值成反比。

（3）构建景观阻力面：利用GIS软件，将节点之间的距离和阻力进行插值处理，构建景观阻力面。

3. 提取生态廊道

最小成本距离识别廊道：最小成本距离识别廊道是利用GIS技术，基于生态源和其他生态节点之间的空间距离、地形地貌等条件，通过计算生态廊道的成本，找到生态廊道的最优路径。通过最小成本距离识别廊道，可以有效地提高生态廊道的连通性和完整性。

（1）选择起点和终点：根据研究目的，选择起点和终点。起点和终点可以是生态敏感区、重要物种分布区、生态用地等。

（2）进行最小成本路径分析：利用最小成本路径算法，在景观阻力面上提取生态廊道。

4. 构建生态网络

生态网络是指在阻力面内，以生态源为节点，以生态廊道为路径连接各个节点，构建起保护和修复生态系统网络。通过对生态网络的规划和建设，提高生态系统的连通性和完整性，促进生态资源的保护和恢复。

综上所述，通过生态敏感性评价识别生态源，最小成本距离识别廊道，构建阻力面和生态网络，可以实现生态系统的保护和修复，促进生态环境的可持续发展。图10-2为成都市生态网络构建结果，成都市共识别出4947.53m²的生态源地，由生态源、生态目标、生态廊道共同构成了生态网络，也是城市扩张的刚性边界，其分布在研究区的四周并依托龙门山、龙泉山，各个斑块面积较大且集中。其中，位于成都平原与青藏高原过渡带的龙门山断裂带为最大的斑块，为都市区提供了大面积的生态资源与生态安全屏障，其网络结构较为简单。龙泉山承担着生态中枢的作用，构成了以龙泉山生态区为核心连接东西的空间格局，保障了各个生态斑块之间的连通性。

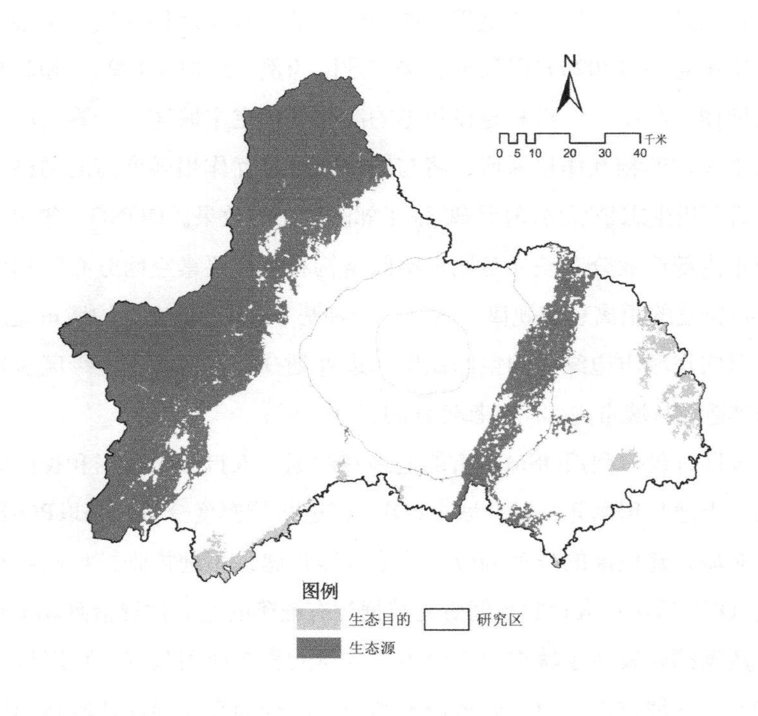

图10-2　生态网络构建结果

10.3 用地类型识别

城镇空间变化分析中城镇建设用地的识别与分析多以定性描述或目视方法为主，定量分析的方法较少，缺少城镇建设用地扩展类型的空间直观表达指数方法仅能在数量上分析城镇建设用地扩展类型的面积变化。小尺度上城镇建设用地扩展类型的精细分析不足使用地类型识别结果难以为城市内部的重组规划和开发提供有效引导。王兵等（2018）结合时代发展与智慧城市建设，在梳理城市中心区形态特征的同时，对城市中心区域系统的各种识别要素进行了整理提取，其结合识别要素，分析了现代城市中心区建设环境中亟须解决的问题。通过对智慧城市建设内容的分析，并与城市中心区有机更新的融合，提出了战略探讨，旨在适应现代城市环境管理的同时，最大限度地振兴城市中心区的环境活力。田雅思等（2020）以江苏省华东地区为例，绘制了1998年和2018年的江苏郊区地图，其根据人口和建设用地的高密度确定主城区，计算主城区网格与其他网格区域的相互作用强度，将与城市网格相互作用强度高的网格识别为郊区。最后利用生态景观格局指标验证了郊区扩张的效果。DONG，等（2022）考虑了城市内部产业分布差异与城市空间结构和城市要素空间分布的相关性，并结合城市密度的距离衰减规律，研究了一种基于POI产业密度的城市边缘区识别方法。以实现城市边缘区的空间识别和边界划分，并将城市边缘区被定义为服务业和制造业从城市内部向外都延伸的区分区域。

在大数据时代，利用OSM丰富的道路网数据、人口分布数据和夜间灯光数据提取城市土地利用单元，融合城市POI数据进行核密度分析，获取POI影响扩散，实现对城市建设区的合理划分，为后续城市建设用地扩张模拟起到积极作用。POI、OSM道路、人口和夜间灯光数据等有准确的空间位置信息和丰富的属性信息，数据综合表达了城市地块中不同实体的真实使用状况，可以较准确地判定快速发展的城市进程中的城市用地类型，能较为真实地反映城市地块的现实使用状况。

10.3.1 单因子核密度分析

10.3.1.1 道路OSM数据

道路数据是通过OSM获取，该数据为2020年成都市主要道路分布。OSM是一个开源地图提供商，旨在为用户提供免费且易于访问的数字地图资源，被认为是现阶段最成功和最受欢迎的自愿地理信息（VGI）。

10.3.1.2 人口数据

人口分布数据从统计年鉴分享平台获取，数据为2020年四川省人口普查年鉴。通过提取整理最终获得成都市人口分布矢量数据。人口密度分布数据可以从人类活动的角度分析城市建设活力区域，以增强用地类型识别的精确度。

10.3.1.3 POI数据

城市POI数据涵盖了城市各类设施的位置与属性信息,是城市研究的基础性空间大数据。其分布的密度、集聚趋势等特征也是城市中心识别，城市功能区评估的重要技术手段。但是维度单一的POI数据往往只能反映城市各类设施点的地理空间分布，与实际的社会经济活动强度并不直接相关。为了克服数据固有的缺陷，城市中心的识别多采用属性加权的方法进行弥补。此次核密度分析的数据选取公共服务设施、政府机构、风景名胜区等对城市扩展影响较大的点进行合成加权分析，对活动强度高的POI数据进行权重提升。

10.3.1.4 夜间灯光数据

夜间灯光数据是指通过卫星遥感技术获取的反映地球表面夜间灯光强度的数据。夜间灯光数据可以反映人类社会的工业生产、商业活动和能源消费，并用于度量地区经济的发展水平。夜间灯光数据可以用于研究城镇化进程、经济发展、能源消耗等方面，因此利用夜间灯光数据进行核密度分析作为城市建设区扩展的因素之一。

10.3.2 核密度合成

核密度合成是一种空间分析方法，可以用于确定某个区域内某个现象的分布情况，可以将点数据转换为连续表面，从而更好地理解数据的分布情况。在土地类型识别中，核密度合成可以用于分析不同土地类型的空间分布情况，从而更好地识别土地类型。城市建成区的准确提取具有很大的实用性，对于衡量城市化进程、判断城市环境具有重要意义，但是很难以单一数据衡量城市建成区。近年的研究已经证明了以POI数据为代表的城市活力衡量指标可以更好地解释夜间光（NTL）数据提取的不足，使城市建成区的提取更加客观、准确。热力图数据与人口密度分布数据可以将视角延伸到具体的人类活动，增强了识别的精确性，弥补了NTL空间分辨率低、光晕不足以及POI数据无法反映人流活动的问题。

在参考相关的研究后，四个数据被给予了相同的权重。通过对夜间灯光数据及人口密度数据进行几何校正，排除异常像素对结果的影响。与其他数据相比，POI数据的预处理则更为复杂。采用核密度估计法获取POI数据的核密度分布，这一方法是通过核密度函数估计点要素在周围邻域内的密度，是高质量的密度估计方法。通过ArcGIS生成POI核密度，热力图数据的获取也采用了相同的方法。最后，采取叠加分析将四个数据进行合成，得到综合密度数据，即城市的活力值分布，其范围在0~10822。如图10-3所示，将单因子数据进行核密度分析后，利用叠加分析对各因子分析结果进行合成加权，得到综合分布密度数据。

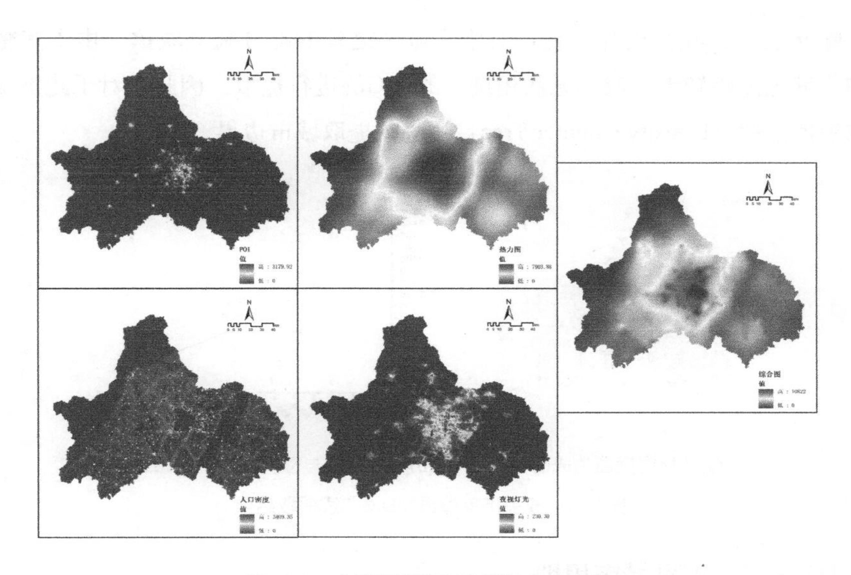

图10-3　成都市核密度分析与合成结果

10.3.3　城市活力区的提取

生成的综合密度数据为平滑表面，为了获取更多反映密度与等值线面积的关系，通过ArcGIS提取等值线工具，设置等值间距为100m的等高线。在参考相关的文献后，采用Denstiy-Graph（D-G）法对城市—乡村之间的活力界限进行识别。其基本原理是依据乡村与城市密度等值线的疏密不一进行区分。城市内部综合密度高，等值线相对紧密，而乡村地区密度相对较低，等值线则更加稀疏。针对这一特征，通过观察密度与等值线增长的变化规律来识别城市与乡村的界限。其中，等值线围合形成的闭合曲线的面积为S_d，其理论半径为$\sqrt{S_d}$，以密度值为横坐标，半径增量为纵坐标拟合生成D-G曲线，使其拟合优度R^2达到0.9以上（图10-4），随着密度值的降低，曲线不断上升，直到某一个点上升速率加快。从图10-4中观察，该点处于密度值7000~7500。与遥感图像识别出的城市范围进行对比，等高线值为7500的范围与其识别范围具有较高的重合度，因此定义为主城区与乡村地区的活力边界。

除此之外，我们还观察到，对于主城区之外的部分独立城镇，由于其密度值与主城区差距较大，我们无法用统一的D-G法进行提取。因此，对于此类城镇采取等值线树（Density Counter Tree）法进行提取城市边界。

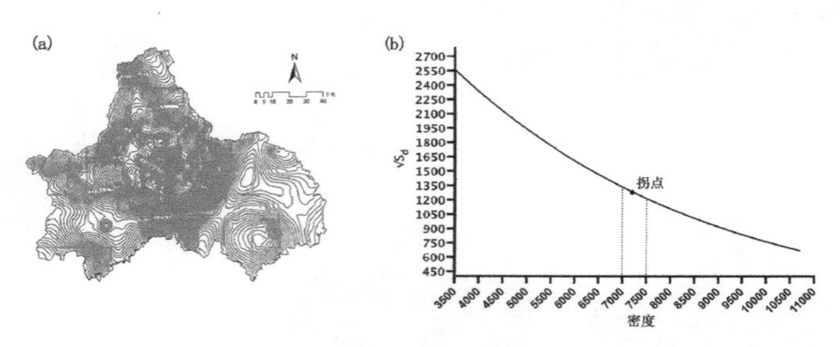

(a)从核密度图生成的等高线　(b)理论半径与密度值的D-G曲线

图10-4　成都市等值线及D-G曲线提取结果

10.3.4　识别城市用地

将识别结果与遥感影像的城镇用地进行对比，如图10-5所示，结合两者识别结果的差异与实际情况，我们提出了以下五类新的用地类型的定义。

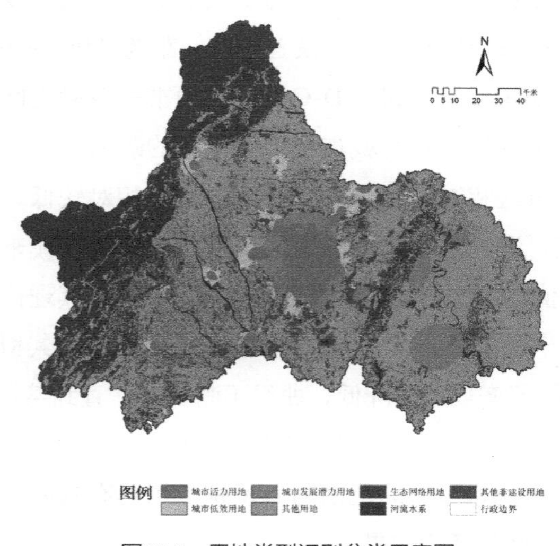

图10-5　用地类型识别分类示意图

（1）城市活力用地（UVL）：识别结果与遥感影像城镇用地重合的区域。

（2）城市发展潜力用地（UDPL）：属于城市活力区，但未在遥感影像中被定义为城市用地且不属于生态网络的用地。这一用地类型是下一阶段城市扩张的主要来源。

（3）城市低效用地（UIL）：在遥感影像中属于城市用地，但由于活力值未达到城市标准的用地。这一区域可能为正处于开发中的新城，也可能为衰败的工业区，我们倡导对这一区域进行更新，促进活力的恢复与提升。

（4）生态用地（ENL）：已识别出的生态网络用地及河流湖泊。这一用地类型禁止任何形式的城镇开发。这一用地类型包含裸地、林地、耕地、草地、湿地等多种用地类型。

（5）其他非城镇用地（NUL）：除以上用地分类之外的用地，包含可供城镇开发的林地、村庄建设用地等。由于此类用地不涉及生态保护等限制性因素，为方便进行预测，所以统一为同一类用地类型。

10.4　增长边界划定

10.4.1　预测未来土地扩张需求

对于未来城镇用地的需求模拟，我们分为2020—2025年、2025—2030年、2030—2035年三个阶段进行预测。我们使用马尔可夫方法对每一个用地类型进行预测，并依据预测阶段的不同扩张策略进行调整（表10-5、图10-6）。在2020—2025年时间段，成都市的扩张策略以存量开发为主，重点对潜在城市活力用地进行开发。在2025—2030年时间段，注重存量开发与增量开发的并行，对用地效率低下的用地进行功能转化，提升城市活力。在2030—2035年时间段，增量开发数量相对减少，进一步重视对于低效用地的开发。

表10-5　各阶段的土地扩张策略与需求

阶段	扩张策略	各用地类型斑块数量预测				
		城市活力用地	城市发展潜力用地	城市低效用地	生态用地	其他非城镇用地
2020—2025年	增量扩张优先	9031	4104	3747	56983	85154
2025—2030年	增量扩张与存量扩张并重	12103	2995	2796	56983	84142
2030—2035年	重视存量开发	14076	2689	2751	56983	82520

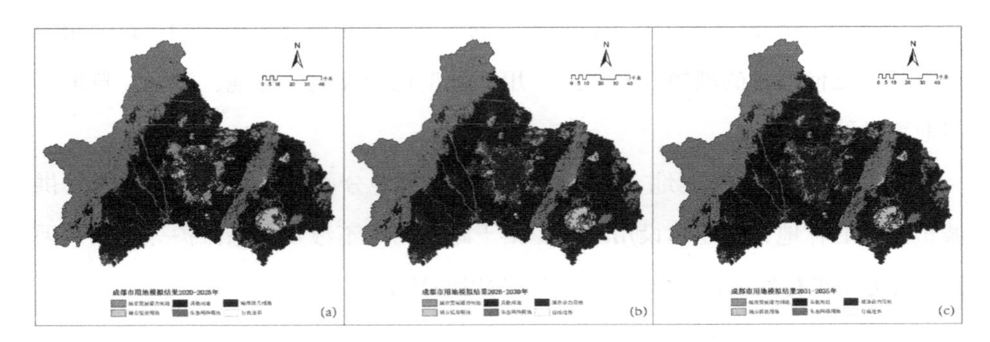

图10-6　成都市用地模拟结果示意图

10.4.2　划定结果

将生态网络作为限制性增长边界即刚性增长边界。虽然在刚性边界使用过程中会带来不确定性，但对于环境保护是一个有益的补充。对于模拟出的各阶段的城市活力用地（UVL）是城镇弹性增长边界的范围。对于各阶段内的城市低效用地与城市发展潜力用地是未来城市进行扩张与存量开发的主要空间，两者都将参与下一阶段的空间扩张过程。弹性边界的作用是引导城市扩张发生在边界之内，从而形成紧凑的城市空间。使用Sobel Edge Filter去除破碎的斑块与锐化城市单元的边缘，并转化为多边形形成平滑的边界。

结合PLUS模拟结果，绘制了三个阶段的动态城镇增长边界。本次模拟的Kappa系数为0.93，总体准确率为92.64%，FOM指数为0.102。将生成的UGB栅格格式转化为矢量格式，将小于5km²的斑块去除，并聚合2km以内的斑块，以形成连续的增长边界。图10-7（a1~c4）展示了三个时间段内4个不同地点的UGB具体情况，每个时间段采用不同的空间扩张策略，城镇低活力用地随着时间的推进显著减少，证明了在模拟过程中增量开发行为的有效性。同时，大部分城市潜力发展用地也转化为UGB。从具体地点上来看成都中心城区[图（a1~a3）]在2020—2025年时间段空间扩张以城市发展潜力用地为主，同时留下了大量的城市低效用地等待提升，这一情况在2030—2035年时间段得到缓解，并沿着东北方向进一步扩张，逐渐与德阳地区连为一体。位于成都市西北边的都江堰市[图10-7（a2,b2,c2）]在15年的扩张规划中并没有发生空间扩张，这是由于周边限制性因素过多导致空间扩张停滞，与实际情况不相符，需要在接下来的研究中针对此种情况进行进一步完善。简阳地区依托国际机场，其空间扩张速度较快，一直处于加速的进程中[图10-7（a4,b4,c4）]。

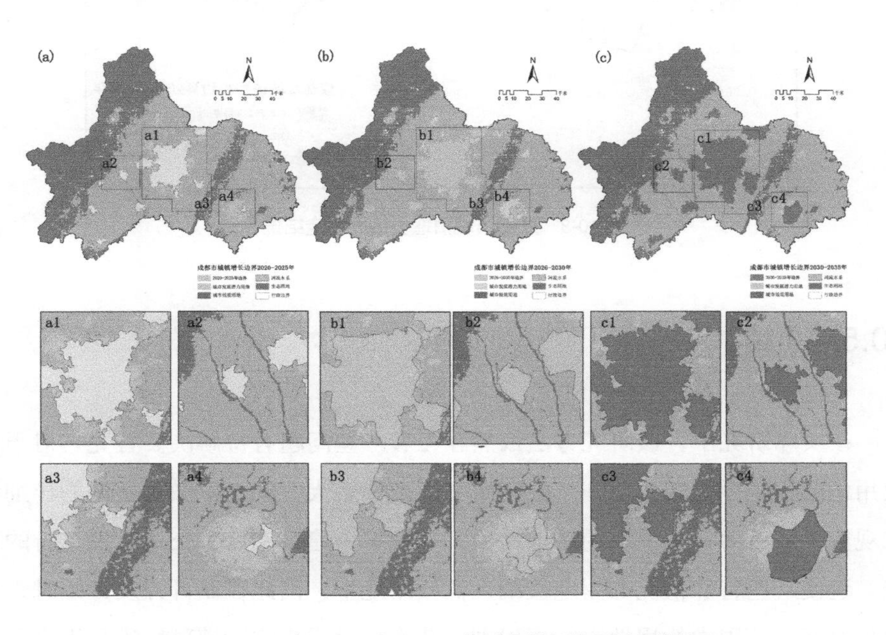

图10-7　2025年、2030年和2035年城市增长边界划定的结果

成都市城镇增长边界划定结果如图10-8所示。

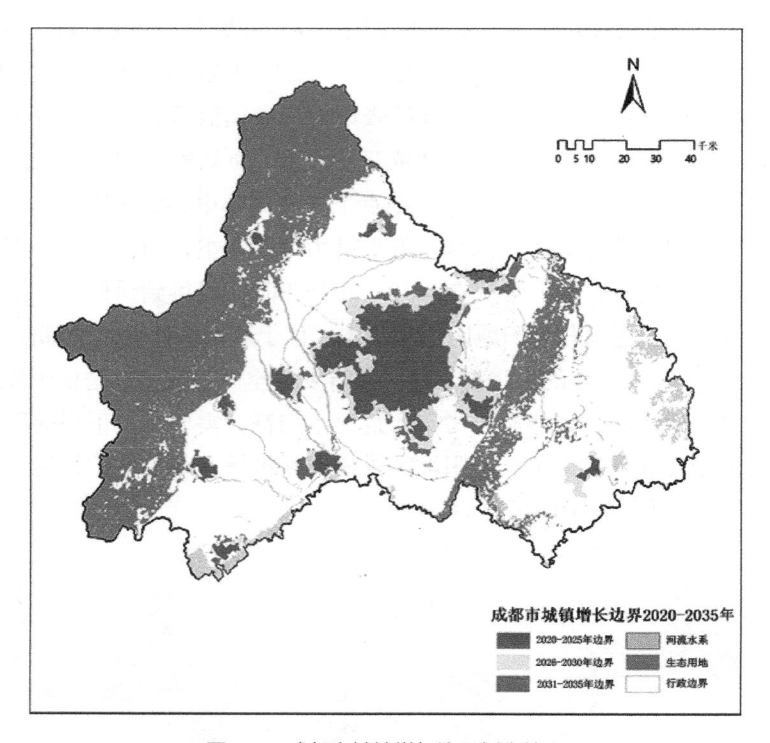

图10-8　成都市城镇增长边界划定结果

10.5　小结

在实际研究中，该研究方法依然存在着一些问题有待解决。首先，对于低效用地的识别手段较为单一。由于研究区范围较大，缺少对微观用地的详细研究观察，缺乏对相关地块的用地性质、容积率、建筑密度、交通情况进行的调查，这使一些特殊情况的用地被纳入低效用地中，因此在制订开发计划时，应首先对开发范围内的用地进行再识别。其次，对于小的城镇斑块进行识别和模拟时会出现一些偏差，由于其尺度和活力情况与周边的中心城区存在着较大的差异，使用同样的参数设置可能会让其模拟的准确性降低。因此本书框架更适用于单一的、连续的、集中程度较高的城镇区域的模拟，对于个别相对独立的斑块需要进行单独模拟。

本章采用一套研究方法预测了成都市的空间扩张并为其划定了动态的UGB，结合识别城市低效用地和城市发展潜力用地，将两者纳入城市空间用地的动态扩张与演变的预测模拟中，并使用生态网络构建技术方法，构建了成都市的生态屏障作为控制增长的刚性边界。技术方法包括PLUS模型、最小路径法、核密度法和D-G模型。

简而言之，该模型可以应用于处于城镇化中后阶段、具有一定空间连续特征的城市或大城市区。此外，综合考虑经济、社会、环境、人口、自然地理、区位、交通等因素，这些因素可以根据当地情况和政策实施目标进行自由组合，选择当地的主要影响因素进行模拟。

研究结果表明，基于此研究方法可以使所预测和划定的城镇增长边界更符合未来城市空间扩张的真实需求，以及满足城市对土地再开发的需求，更有利于城镇增长边界的实施，但具体实施结果还需进一步实践验证。这种模式仍然有一定的局限性。例如，对于低效用地的识别手段较为单一、对于小的城镇斑块进行识别和模拟时会出现一些偏差。

第十一章　两种划定方法对比分析

本书使用了ANN-CA和PLUS两种技术方法对不同的研究对象进行了研究。不同的技术方法所适用的场景也不尽相同。本章将对两种方法的基本原理、模型处理方法、优劣势、模拟结果和适用场景进行对比。

11.1　ANN-CA与PLUS方法的原理对比

两种方法使用了不同的机器学习算法对未来的土地利用进行模拟。在ANN-CA模型中，人工神经网络发挥着关键作用。它用于学习和预测土地利用变化的规律，以提高模型的预测准确性和精度。人工神经网络是一种模仿生物神经系统工作原理的计算模型，它由一系列的神经元和它们之间的连接组成，通过学习和训练来建立输入和输出之间的映射关系。在ANN-CA模型中，人工神经网络的输入通常是历史的土地利用数据和相关的影响因素，输出未来的土地利用预测结果。在模型的训练过程中，人工神经网络通过反向传播算法等方法，不断调整神经元之间的连接权重，以最小化预测输出与实际观测值之间的误差。通过多次迭代训练，人工神经网络可以逐渐学习到土地利用变化的规律，并能够对未来的土地利用变化进行预测。通过引入人工神经网络，ANN-CA模型可以更好地捕捉土地利用变化的非线性关系和复杂性，提高模型的预测能力。人工神经网络具有较强的拟合能力和泛化能力，可以通过学习大量的历史数据，发现土地利用变化的潜在模式和趋势。但人工神经网络的性能和效果受到多个因素的影响，如网络结构的设计、训练数据的质量和数量、神经网络的参数设置等。在使用ANN-CA模型时，需要仔细选择和调整人工神经网络的结构和参数，以获得最佳的模型性能。

在PLUS模型中，随机森林可以用于土地利用模型的训练和预测，以提高模型的准确性和性能。随机森林是一种集成学习方法，它由多个决策树组成，每个决策树都是基于随机选择的特征和样本进行训练。在PLUS模型中，随机森林可以用来建立土地利用模型，其中每个决策树代表了一种可能的土地利用类型或类别。随机森林在PLUS模型中的作用主要有两个方面：（1）特征选择：随机森林可以通过计算特征的重要性，帮助选择最具有预测能力的特征。在土地利用模型中，特征选择是非常重要的，因为不同的特征对土地利用变化的影响程度可能不同。通过随机森林的特征选择，可以识别出最相关的特征，从而提高模型的准确性和解释能力。（2）模型训练和预测：随机森林可以用于训练土地利用模型，并进行土地利用的预测。在训练过程中，随机森林使用随机选择的特征和样本，构建多个决策树，并通过集成决策树的结果得到最终的预测结果。随机森林的集成能力可以减小过拟合的风险，并提高模型的泛化能力。但随机森林的性能和效果受到多个因素的影响，如决策树的数量、特征选择的准则、决策树的深度等。在使用随机森林时，需仔细选择和调整参数，以获得最佳的模型性能。此外，随机森林还可以用于模型的评估和验证，通过交叉验证等方法评估模型的准确性和稳定性。

在选择具体适用哪一种模型时，需要考虑模型各自的优劣势与需要处理问题的具体情况。

ANN-CA模型结合了元胞自动机和人工神经网络的特点，能够考虑到地理空间的相互作用和人类行为的影响，能够模拟复杂的地理过程和人类决策，具有较高的灵活性和适应性；ANN-CA模型可以根据已有的数据进行学习和训练，能够自动调整模型参数，提高模拟的准确性，但ANN-CA模型的缺点是需要大量的数据和计算资源来进行训练和模拟，而且在模型的解释性方面相对较弱。

PLUS模型能够模拟土地利用变化的过程和趋势，具有较高的可解释性和可操作性。通过设定不同的规则和参数来模拟不同的情景及政策变化，方便决策者进行决策分析和规划，但其参数的设定比较依赖专家经验，可能存在主观性和不确定性。

因此，在选择模型时，需要根据具体的应用场景和需求来综合考虑它们的优势和劣势，以及数据和资源的可用性。

11.2 ANN-CA与PLUS方法的优劣势对比

PLUS模型作为当前新兴的土地利用模拟模型，是在已有的CA模型在转化规则挖掘策略和景观动态变化模拟策略两方面都存在一定的不足而提出来的。以往的转化分析策略（TAS）和格局分析策略（PAS）在这两方面存在的不足主要表现如下。

（1）转化分析策略（TAS）：在多类模拟中，转化类型随着类别的增加而呈指数增长，从而导致模型复杂性增加，灵活性降低，并对挖掘算法提出了更高的要求。

（2）格局分析策略（PAS）：仅需提取一期土地利用数据对各类用地的样本进行训练，基于浮现概率和土地竞争进行模拟，包括CLUE-s、Fore-SCE和FLUS等。该方法非常适用于多类土地利用模拟，但该策略不是基于一段时期内土地利用变化的建模，缺乏时段概念和对土地利用变化驱动机理的挖掘能力。

因此，基于栅格数据提出了一种斑块生成土地利用变化模拟模型（PLUS），该模型应用一种新的分析策略，可以更好地挖掘各类土地利用变化的诱因。此外，该模型包含一种新的多类种子生长机制，可以更好地模拟多类土地利用斑块级的变化。同时，该模型与多目标优化算法耦合，模拟结果可以更好地支持规划政策以实现可持续发展。

11.3 ANN-CA与PLUS模型的功能对比

（1）提取扩张的用地和土地需求预测

提取各土地利用类型的扩张用地其实就是比较两个年份之间不同的类型数据，FLUS和PLUS这两种模型都可以做到。FLUS和PLUS提供了两种方法来预测未来的土地利用需求：①线性回归；②马尔可夫链。

（2）LEAS模块

该功能是得到各个变化用地的发展概率以及各因子的贡献率。有点类似于FLUS模型中使用到的BP-ANN，即多层前馈神经网络（Back Propagation-Artificial Neural Networks），该功能是模拟各个类型用地的出现概率。但是不同的是，FLUS是根据驱动因子、采样比例来得到各类型用地出现的概率，LEAS模拟得到的是变化用地的出现概率。事实上可以理解为，FLUS和LEAS可以做到预测未来各类用地的概率，但这两者之间的差异主要是数据的不同。假设我们在FLUS中输入的图层是两个年份变化用地数据，驱动因子、采样比率和其他一切的设置都不变，那么FLUS模型也能得到变化用地的出现概率。与此类似，假设我们使用LEAS，输入的图层是年份数据，而不是两个年份变化用地数据，那么LEAS得到的就不是变化用地的出现概率，而是各个类型用地的出现概率。除此之外，PLUS模型可以直接得到各个波段即各个用地的概率图，并且可以得到各个因子对各个用地发展概率的贡献。因此，相较于FLUS模型，PLUS模型的功能更多。

（3）精度对比

土地利用类型的模拟会产生一些不确定性。导致不确定性：①数据本身的精度。现在主流使用的土地利用数据，Kappa系数为60%~80%。采用目视解译精度会提高，但是需要野外采样才能确定大概精度，并且针对大面积的研究区不可行。②模拟的精度。最后模拟的精度Kappa系数也是在80%（比较优秀的）左右，一般情况下在60%左右，那么实际模拟的精度在36%~70%，非常低。

11.4 ANN-CA与PLUS方法模拟结果的对比

（1）基于PLUS与ANN-CA划定都江堰市城镇增长边界结果对比（图11-1）

由于两者都采用了多情景模拟，且由于技术路线不同，不同情景使用的参数也不相同，因此本章对两种方法的相似情景模拟结果进行对比，在ANN-CA的模拟中选择经济增长优先情景，在PLUS模型中选择经济增长进行对比。相比PLUS模型结果（103.88km^2），ANN-CA模型的模拟结果（172.16km^2）产生了更多的城镇用地。这是由于PLUS模型是直接依据过去的扩张情况为参考进行模拟的，而在ANN-CA模型中，未来城镇建设用地规模是使用系统动力学模型进行模拟的，参考的数据是过去的经济增长、人口增长、用地增长之间的关系，因此两者在用地规模方面有着一定的差异。都江堰市主城区方面，在ANN-CA模拟中，主要扩张方向是北和东两个方向，在PLUS模型中主要扩张方向是北和西两个方向。这两个不同模型的相同经济优先发展模拟情景下，在GDP快速增长的时期，ANN-CA模型的建设用地随之也迅速增长，而PLUS模型基于历史土地利用元胞类型，建设用地增长速度相对缓慢。

除此之外，PLUS模拟结果的斑块更加的精细，有利于城镇增长边界的划定与后续的管理。而ANN-CA模拟结果则更加的平滑与模糊，精确度相对较低。因此，PLUS更加适用于较小尺度的城镇增长边界的模拟，可直接将划定结果转为城镇开发边界划定成果。

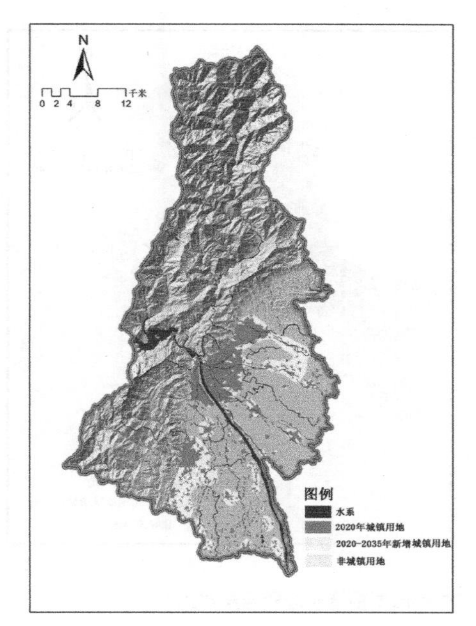

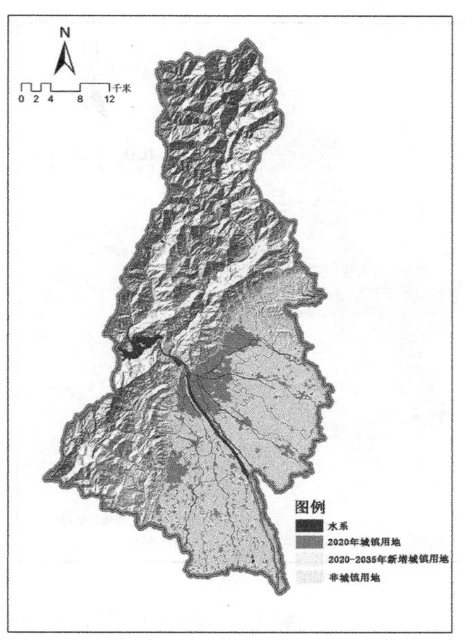

图11-1 基于PLUS与ANN-CA划定都江堰市城镇增长边界结果对比

（2）基于PLUS与ANN-CA划定成都市城镇增长边界结果对比（图11-2）

依据上述的模拟情景，接着对比两种方法在成都市的模拟结果，ANN-CA模拟增长边界内城镇用地规模为2139.23km^2，PLUS模拟规模为1756.44km^2。在成都市主城区，从PLUS模拟结果看，城市的各个方向都有一定的扩张，但主城区南部的天府新区以及东部的简阳市出现了更多的增长，而在ANN-CA模型的模拟结果中，主要扩张方向是北和东两个方向，与都江堰市模拟结果相同，产生了更多的建设用地。

综上所述，在较大尺度的城镇增长边界模拟中，两种模型都呈现了相同的不同扩张趋势。由于成都市城镇增长边界模拟的尺度较大，其目的和作用通常是帮助确定城镇未来扩张方向和研究未来城镇化战略，因此对模拟精度的要求相对较低。

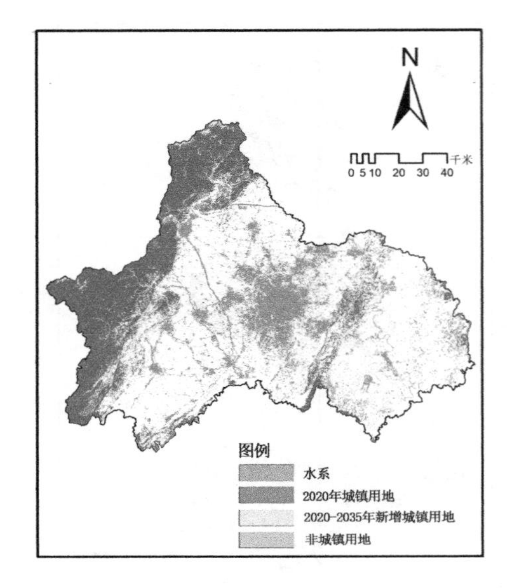

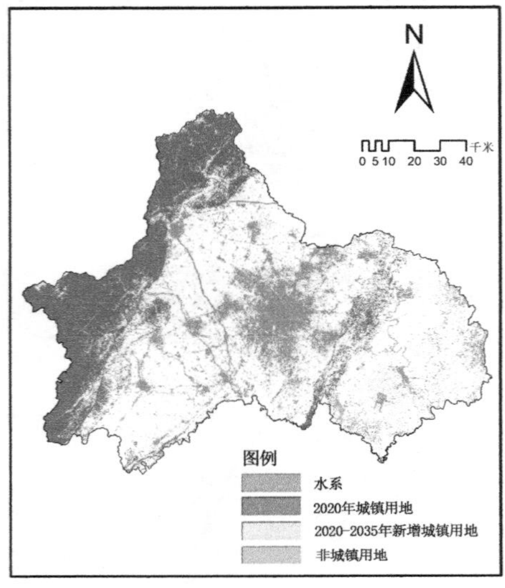

图11-2　基于PLUS与ANN-CA划定成都市城镇增长边界结果对比

第四部分　展望

第十二章 城镇增长边界实施过程中应当重视的问题与展望

城镇增长边界作为防止城镇蔓延和保护土地资源而允许城镇建设用地扩张的最大边界，在各国的规划体系中都是重要的一环。随着城镇的不断发展，城镇增长边界的划定也成为一个备受关注的问题。本章将探讨城镇增长边界划定应当重视的问题与发展途径，并提出未来的研究展望。

12.1 城镇增长边界实施过程中应当重视的基本问题

（1）城镇增长边界与城镇发展的关系

城镇增长边界划定是城乡规划中的一个重要内容。城镇规划是根据城镇的历史、现状和未来发展趋势，对城镇进行整体性规划和布局，旨在实现城镇的可持续发展。城镇增长边界的划定必须与城乡规划紧密结合，才能实现城镇的可持续发展。其主要关系体现在：

城镇增长边界的划定可以促进城镇的可持续发展，城镇不受限制地扩张会导致城市面积的不断扩大，这不仅会消耗大量的土地资源，而且还会破坏周边的生态环境和农业资源。城镇增长边界的划定可以限制城镇的扩张，保护周边的自然环境和农业资源，从而促进城镇的可持续发展。

城镇增长边界的划定可以促进城镇内部的更新和改造，城镇的不断扩张会导致城市内部的资源分散，城镇的基础设施、公共服务和社会资源也会分散。城镇增长边界的划定可以促使城镇内部的资源更加集中，从而促进城镇内部的更新和改造。

城镇增长边界的划定可以促进城镇的经济发展，城镇的不断扩张会导致城市面积的不断扩大，这会增加城镇基础设施建设和维护的成本。城镇增长边界的划定可以限制城镇的扩张，在减少城镇基础设施建设和维护成本的同时，在一定程度上促进城镇的经济发展。

城镇增长边界的划定可以促进城镇的规划和管理。城镇的不断扩张会导致城镇规划和管理的难度加大。城镇增长边界的划定可以限制城镇的扩张，从而使城镇规划和管理更加简捷和明确。

（2）城镇增长边界的划定标准和方法

城镇增长边界的划定标准和方法是城镇增长边界划定的关键问题。其划定标准应当考虑城市的历史、现状和未来发展趋势，同时也要考虑城市周边的自然环境和农业资源。因此，UGB的划定标准和方法需要综合考虑多种因素，才能实现城市的可持续发展。

（3）城镇增长边界的实施效果

城镇增长边界的实施效果取决于多种因素，包括城镇的规划和管理能力、市场的调节和协调、政策的执行和监督等。城镇增长边界的实施需要政府部门具备强有力的城乡规划和管理能力，包括规划编制、环境评估、土地管理等方面的能力，若政府缺乏上述能力，城镇增长边界的管控能力就会被削弱；城镇增长边界的实施需要市场的调节和协调，包括土地流转、房地产开发、基础设施建设等方面的协调，如果市场不能有效地调节和协调，城镇增长边界的实施可能会遇到阻力和困难；城镇增长边界的实施需要政策的执行和监督，包括法律法规的制定、政策的宣传、执法力度的加强等方面的保障，如果政策执行力或者监督不到位，城镇增长边界的实施可能会出现问题；城镇增长边界的实施需要社会的参与和支持，包括公众的意见反馈、利益相关方的协调、媒体的宣传等方面的支持，如果社会参与和支持不足，城镇增长边界的实施可能会缺乏合法性和可操作性。

12.2 未来城镇增长边界划定的发展展望

（1）健全城镇增长边界管理制度建设

城镇增长边界划定需要依据一定的规划和法律，建立健全的城乡规划和法律制度体系是城镇增长边界划定的基础。如美国俄勒冈州考虑了UGB划定过程中涉及的各种问题，设置了UGB划定的简化方法与流程，在法规中为各类不同的城市提供了一系列统一的、明确的数值范围，为UGB的划定或修正提供标准，建立了UGB修订的底线机制即城市必须在人口实际增长量达到预期增长量的100%前评估是否有必要为了住宅或就业的目的扩张UGB（叶裕民，2018）。目前，我国在划定城镇增长边界缺乏一定的动态调整机制，缺乏自上而下的完整法律与制度体系，需要进一步完善相关的法律与制度，在保证土地集约利用和生态安全的基础上，推动城镇增长边界随经济发展的需要动态调整。在未来，城镇增长边界将由编制转向实施阶段，如何探索出基于供需的城镇增长边界动态调整机制将是实施增长管理政策的重中之重。

（2）增强新技术手段的应用

科技手段的应用可以为城市增长边界划定提供支持。例如，遥感技术、地理信息系统（GIS）和全球定位系统（GPS）等技术可以为城镇增长边界划定提供精确的数据支持。同时，科技手段也可以为城镇增长边界划定提供模拟和预测等方面的支持。如本书第七~十章中所提及的，机器学习算法（如人工神经网络、随机森林回归等技术方法）被引入城镇增长边界，使其考虑到多重地理因素在不同的时空尺度上的运行方式，提高了城镇增长边界划定的合理性。在未来，随着人工智能算法的不断成熟，将会有更多的技术被应用于城镇增长边界的仿真模拟，更多的影响因素和实施中的场景将被考虑，实现城镇增长边界的动态调整。

（3）完善公众参与的方式

公众参与是城乡规划中的一个重要环节。城镇增长边界划定也需要充分考虑公众的参与。通过公众的参与，可以更好地了解城市发展的需求和矛盾，从而更加积极地支持相关管理政策的实施。如美国波特兰都市区在实施增长管理与相关规划的过程中，积极鼓励不同背景的市民参与，为民众利益团体提供参与讨论的平台，持续为市民普及城市规划的知识与技能，激发市民参与城市规划的热情。在未来，为保障城镇增长边界的实施，政府可以通过公示和征求意见的方式，向公众展示城镇增长边界的方案和设计，征求公众的意见和建议；可以组织社区会议和座谈会，邀请公众代表、社会团体和利益相关者参与讨论城镇增长边界的实施方案和效果，提高政策的可操作性和社会的接受度；还可以通过公众监督和评估的方式，邀请公众代表、社会团体和利益相关者对城镇增长边界的实施效果进行监督和评估。这一方式可以增加公众对城镇增长边界的了解和参与，提高政策的可持续性和社会的稳定性。

（4）增强城镇增长边界的跨区域合作

城镇增长边界的跨区域合作可以促进城市群和都市圈内城市之间的协作与互利共赢，使城市群和都市圈的规划及建设更加协调和一致。在中国，以京津冀、长三角、珠三角等为代表的城市群和都市圈已经成为国家发展战略的重要组成部分。城镇增长边界的跨区域合作可以促进城市群和都市圈内城市之间的资源优化配置与协同发展，实现“一体化”和“无缝衔接”的城市群和都市圈建设。例如，京津冀城市群的建设中，京津冀三地已经联合发布了城市群发展规划，其中包含京津冀城市群的增长边界，旨在推动三地的协调发展，实现优势互补和资源共享。

此外，城镇增长边界的跨区域合作还可以促进城市群和都市圈内的城市之间的交流与合作，加强文化交流、人才流动、技术创新等方面的合作，提高城市群和都市圈的国际竞争力。例如，上海、杭州、南京等城市在长三角地区的城市群建设中，已经加强了交流和合作，在经济、文化、人才等方面实现了互补和共赢。城镇增长边界的跨区域合作在城市群和都市圈的背景下具有重要意义，可以促进城市群和都市圈内的城市之间的协作与互利共赢，提高城市群和都市圈的国际竞争力。

综上所述，建立健全的城乡规划和法律制度体系是城镇增长边界划定的基础。其次，科技手段的应用可以为城镇增长边界划定提供精确的数据支持。再次，公众参与是城乡规划中的一个重要环节，城镇增长边界划定需要充分考虑公众的参与。最后，城镇增长边界的跨区域合作可以促进城市群和都市圈内城市之间的协作与互利共赢，提高城市群和都市圈的国际竞争力。

参考文献

[1] 朱晓华. 一部反映中国城乡划分最新技术的力作——评《城乡划分与监测》 [J]. 地理研究, 2013, 32(12): 2176.

[2] 周一星, 史育龙. 城乡划分与城镇人口统计——中外对比研究 [J]. 城市问题, 1993(1): 22-26.

[3] 张进. 美国的城市增长管理 [J]. 国外城市规划, 2002(2): 37-40, 0.

[4] 王久钰. 城市增长边界研究进展综述 [J/OL]. 山西建筑, 2019, 45(11): 39-40.

[5] 戴湘君, 许砚梅. 生态安全格局视角下中国城市增长边界研究进展 [J]. 湖南生态科学学报, 2021, 8(1): 82-88.

[6] 牛慧恩. 国土规划、区域规划、城市规划——论三者关系及其协调发展 [J]. 城市规划, 2004(11): 42-46.

[7] 吴箐, 钟式玉. 城市增长边界研究进展及其中国化探析 [J]. 热带地理, 2011, 31(4).

[8] 朱京海, 许丽君. 本溪市国土空间演变特征及增长边界划定研究 [J]. 沈阳建筑大学学报(社会科学版), 2020, 22(6): 563-572.

[9] 韩昊英. 城市增长边界内涵与世界经验 [J]. 探索与争鸣, 2015(6): 25-28.

[10] 张振龙, 于淼. 国外城市限制政策的模式及其对城市发展的影响 [J]. 现代城市研究, 2010, 25(1): 61-68.

[11] 王颖, 顾朝林, 李晓江. 中外城市增长边界研究进展 [J]. 国际城市规划, 2014, 29(4): 1-11.

[12] 刘荣增, 陆文涛, 杜力卿. 基于ANN-CA模型的郑州城市空间拓展研究 [J]. 城市发展研究, 2019, 26(12): 77-85+49.

[13] 张开放, 苏华友, 窦勇. 一种基于混淆矩阵的多分类任务准确率评估新方法 [J]. 计算机工程与科学, 2021, 43(11): 1910-1919.

[14] 安葳鹏, 程小博, 刘雨. Fleiss’ Kappa系数在贝叶斯决策树算法中的应用 [J]. 计算机工程与应用, 2020, 56(7): 137-140.

[15] 吴欣昕, 刘小平, 梁迅, 等. FLUS-UGB多情景模拟的珠江三角洲城市增长边界划定 [J]. 地球信息科学学报, 2018, 20(4): 532-542.

[16] 陆汝成, 黄贤金, 左天惠, 等. 基于CLUE-S和Markov复合模型的土地利用情景模拟研究——以江苏省环太湖地区为例 [J]. 地理科学, 2009, 29(4): 577-581.

[17] 黎夏, 刘小平, 何晋强, 等. 基于耦合的地理模拟优化系统 [J]. 地理学报, 2009, 64(8): 1009-1018.

[18] 石坚. 基于区位理论的城市空间扩展模拟研究 [C]//转型与重构——2011中国城市规划年会论文集. 中国城市规划学会、南京市政府, 2011: 6821-6836[2023-09-25].

[19] 刘朋俊, 李茜楠, 李凯, 等. 基于ANN-CA的土地利用变化模拟应用研究 [J]. 地理空间信息, 2020, 18(10): 20-24, 27, 4.

[20] 汤燕良, 詹龙圣. 基于耦合神经网络与元胞自动机的城镇开发边界划定——以惠州市为例 [J]. 规划师, 2018, 34(4): 101-106.

[21] 罗平, 姜仁荣, 李红旮, 等. 基于空间Logistic和Markov模型集成的区域土地利用演化方法研究 [J]. 中国土地科学, 2010, 24(1): 31-36.

[22] 张晓玲, 关欣, 吴宇哲, 等. 基于系统动力学的县域土地利用变化模型——以浙江省缙云县为例 [J]. 安徽农业科学, 2007(34): 11154-11156.

[23] 李克煌, 钟兆站. 论中国生态环境脆弱带 [J]. 河南大学学报(自然科学版), 1995(4): 57-64.

[24] 柏延臣, 李新, 冯学智. 空间数据分析与空间模型 [J]. 地理研究, 1999(2): 74-79.

[25] 韩玲玲, 何政伟, 唐菊兴, 等. 基于CA的城市增长与土地增值动态模拟方法探讨 [J]. 地理与地理信息科学, 2003(2): 32-35.

[26] 何春阳, 史培军, 陈晋, 等. 基于系统动力学模型和元胞自动机模型的土地利用情景模型研究 [J]. 中国科学(D辑:地球科学), 2005(5): 464-473.

[27] 蒋芳, 盛和, 袁弘. 城市增长管理的政策工具及其效果评价 [J]. 城市规划学刊, 2007(1): 33-38.

[28] 李丹, 胡国华, 黎夏, 等. 耦合地理模拟与优化的城镇开发边界划定 [J]. 中国土地科学,

2020, 34(5): 104-114.

[29] 李丽萍. 美国大城市地区最新增长模式 [J]. 国外城市规划, 1997(2): 48-51.

[30] 李咏华. 生态视角下的城市增长边界划定方法——以杭州市为例 [J]. 城市规划, 2011, 35(12): 83-90.

[31] 刘宏燕, 张培刚. 增长管理在我国城市规划中的应用研究 [J]. 国际城市规划, 2007(6): 108-113.

[32] 刘盛和. 城市土地利用扩展的空间模式与动力机制 [J]. 地理科学进展, 2002(1): 43-50.

[33] 刘阳, 李志英, 龙晔, 等. 基于生态适宜性的昆明城市空间增长边界研究 [J]. 长江流域资源与环境, 2020, 29(7): 1555-1565.

[34] 刘志坚, 陈思源, 欧名豪. GIS探索性空间数据分析方法及其在地价分布信息提取中的应用研究 [J]. 安徽农业大学学报, 2007(3): 415-419.

[35] 龙瀛, 何永, 刘欣, 等. 北京市限建区规划:制订城市扩展的边界 [J]. 城市规划, 2006(12): 20-26.

[36] 龙瀛, 毛其智, 沈振江, 等. 综合约束CA城市模型:规划控制约束及城市增长模拟 [J]. 城市规划学刊, 2008(6): 83-91.

[37] 万娟. 我国小城镇发展中的增长管理研究 [J]. 南京工业职业技术学院学报, 2007(1): 12-14.

[38] 王其藩. 系统动力学理论与方法的新进展 [J]. 系统工程理论方法应用, 1995(2): 6-12.

[39] 王颖, 顾朝林. 基于格网分析法的城市弹性增长边界划定研究——以苏州市为例 [J]. 城市规划, 2017, 41(3): 25-30.

[40] 吴大放, 刘艳艳, 王朝晖. 基于Logistic-CA的珠海市耕地变化机理分析 [J]. 经济地理, 2014, 34(1): 140-147.

[41] 易正晖, 徐建红, 田金芩, 等. 基于GIS方法的城市扩张空间模型研究 [J]. 科技创新导报, 2007(36): 87-88.

[42] 赵轩, 彭建东, 樊智宇, 等. “双评价”视角下基于FLUS模型的武汉大都市区土地利用模拟和城镇开发边界划定研究 [J]. 地球信息科学学报, 2020, 22(11): 2212-2226.

[43] 周锐, 王新军, 苏海龙, 等. 基于生态安全格局的城市增长边界划定——以平顶山新区为例 [J]. 城市规划学刊, 2014(4): 57-63.

[44] 祝仲文, 莫滨, 谢芙蓉. 基于土地生态适宜性评价的城市空间增长边界划定——以防城港市为例 [J]. 规划师, 2009, 25(11): 40-44.

[45] 吕斌, 徐勤政. 我国应用城市增长边界(UGB)的技术与制度问题探讨 [C]//规划创新：2010中国城市规划年会论文集. 中国城市规划学会、重庆市人民政府, 2010: 871-884[2023-09-25].

[46] 李咏华. 基于GIA设定城市增长边界的模型研究 [D]. 杭州: 浙江大学, 2011.

[47] 朱庆华. BP多层神经网络在控制中的应用 [D]. 南宁: 广西大学, 2004.

[48] 李小敏. 基于景观指数的城市增长边界划定方法研究 [D]. 北京: 中国地质大学(北京), 2019.

[49] 付玲, 胡业翠, 郑新奇. 基于BP神经网络的城市增长边界预测——以北京市为例[J]. 中国土地科学, 2016,30(2):22-30.

[50] 蒋玮. 基于生态适宜性评价的城市空间增长边界划定方法[J]. 四川建筑, 2012,32(5): 41-42.

[51] 蒋玮. 成都市中心城区城市空间增长边界研究[D].成都: 西南交通大学,2012.

[52] 韩昊英, 吴次芳, 赖世刚. 城市增长边界控制模式研究——一个基于土地存量控制的分析框架[J]. 规划师, 2012,28(3):16-20.

[53] 朱一中, 王韬, 张倩茹. 中国城市开发边界研究综述[J]. 中国名城, 2019(6):4-9.

[54] 刘海龙. 从无序蔓延到精明增长——美国“城市增长边界”概念述评[J]. 城市问题, 2005(3):67-72.

[55] 黄勇, 王宗记. 城市综合承载力导向下的城市增长边界划定——以常州城市承载力规划研究为例: [C].2011城市发展与规划大会, 中国江苏扬州, 2011.

[56] 石伟伟. 武汉市城市发展边界的设定研究[D]. 武汉: 华中农业大学, 2008.

[57] 张珂, 赵耀龙, 付迎春, 等. 滇池流域1974年至2008年土地利用的分形动态[J]. 资源科学, 2013,35(1):232-239.

[58] 王振波, 张蔷, 张晓瑞, 等. 基于资源环境承载力的合肥市增长边界划定[J]. 地理研究, 2013,32(12):2302-2311.

[59] 钟珊, 赵小敏, 郭熙, 等. 基于空间适宜性评价和人口承载力的贵溪市中心城区城市开发边界的划定[J]. 自然资源学报, 2018,33(5):801-812.

[60] 黄明华, 刘煦, 王奕松, 等. “强制性”与“可能性”——国土空间规划背景下的“城市总体规划”探讨[J]. 城市发展研究, 2020,27(9):42-48.

[61] 李广娣, 冯长春, 曹敏政. 基于土地生态敏感性评价的城市空间增长策略研究——以铜陵市为例[J]. 城市发展研究, 2013,20(11):69-74.

[62] 苏伟忠, 杨桂山, 陈爽, 等. 城市增长边界分析方法研究——以长江三角洲常州市为例[J]. 自然资源学报, 2012,27(2):322-331.

[63] 刘荣增, 陈浩然. 基于ANN-CA的杭州城市空间拓展与增长边界研究[J]. 长江流域资源与环境, 2021,30(6):1298-1307.

[64] 都江堰市地质环境监测站. 都江堰市2020年地质灾害风险调查地质灾害易发程度分区图[Z]. 2020.

[65] 都江堰市规划和自然资源局. 都江堰青城山镇区总体城市设计[Z]. 2019.

[66] 俞孔坚, 王思思, 李迪华, 等. 北京城市扩张的生态底线——基本生态系统服务及其安全格局[J]. 城市规划, 2010,34(2):19-24.

[67] 张星星. 基于ABM模型的重庆主城城市增长边界划定[D]. 重庆: 西南大学, 2016.

[68] 沈恩穗, 胡晓艳, 陈星余.基于ANN-CA的酉阳中心城区城市增长边界模拟研究: 2020/2021中国城市规划年会暨2021中国城市规划学术季[C], 中国四川成都, 2021.

[69] 赵祖伦. 基于Markov-FLUS模型的城市增长边界划定研究[D]. 重庆: 重庆交通大学, 2019.

[70] 王婷, 孙志远. 基于BP神经网络的县域新城UGB预测[J]. 陕西广播电视大学学报, 2021,23(3):78-82.

[71] 勒明凤. 基于CA-Markov模型的香格里拉县城市增长边界设定研究[D]. 昆明: 云南大学, 2014.

[72] 林小如, 陈子诺. 基于用地适宜性评价的城市空间增长边界研究——以厦门市同安区为例[C]. 2019中国城市规划年会, 中国重庆, 2019.

[73] 李灿, 汤惠君, 张凤荣. 基于建设用地适宜性评价的城市增长边界划定[J]. 西南师范大学学报(自然科学版), 2017,42(7):105-111.

[74] 匡晓明, 魏本胜, 王路, 等. 城市增长边界划定与适宜性验证——以贵阳双龙航空港经济区为例[C].2015中国城市规划年会, 中国贵州贵阳, 2015.

[75] 胡宗楠, 李鑫, 楼淑瑜, 等. 基于系统动力学模型的扬州市土地利用结构多情景模拟与实现[J]. 水土保持通报, 2017,37(4):211-218.

[76] 顾朝林, 管卫华, 刘合林. 中国城镇化2050:SD模型与过程模拟[J]. 中国科学:地球科学, 2017,47(7):818-832.

[77] 张晓荣, 李爱农, 南希, 等. 基于FLUS模型和SD模型耦合的中巴经济走廊土地利用变化多情景模拟[J]. 地球信息科学学报, 2020,22(12):2393-2409.

[78] 黄楠. 基于SLEUTH模型的西安市城区空间增长研究[D]. 西安: 西安建筑科技大学, 2014.

[79] Bengston D N, Fletcher J O, Nelson K C. Public policies for managing urban growth and protecting open space: policy instruments and lessons learned in the United States [J]. Landscape and Urban Planning, 2004.

[80] Chakraborti S, Das D N, Mondal B, et al.. A neural network and landscape metrics to propose a flexible urban growth boundary: A case study [J]. Ecological Indicators, 2018, 93: 952-965.

[81] Liang X, Guan Q, Clarke K C. Understanding the drivers of sustainable land expansion using a patch-generating land use simulation (PLUS) model: A case study in Wuhan, China [J]. Computers, Environment and Urban Systems, 2021, 85: 101569.

[82] Chen Y, Li X, Liu X. Modeling urban land-use dynamics in a fast developing city using the modified logistic cellular automaton with a patch-based simulation strategy [J]. International Journal of Geographical Information Science, 2014, 28(2): 234-255.

[83] Omrani H. The land transformation model-cluster framework_ Applying k-means and the

Spark computing environment for large scale land change analytics [J]. Environmental Modelling and Software, 2019.

[84] Verburg P H, Soepboer W, Veldkamp A. Modeling the Spatial Dynamics of Regional Land Use: The CLUE-S Model [J]. Environmental Management, 2002, 30(3): 391-405.

[85] Liu X. A future land use simulation model (FLUS) for simulating multiple land use scenarios by coupling human and natural effects [J]. Landscape and Urban Planning, 2017.

[86] Hou B, Huang T, Jiao L. Spectral–Spatial Classification of Hyperspectral Data Using 3-D Morphological Profile [J]. IEEE GEOSCIENCE AND REMOTE SENSING LETTERS, 2015, 12(12).

[87] Li X, Shi X, He J. Coupling Simulation and Optimization to Solve Planning Problems in a Fast-Developing Area [J]. Annals of the American Association of Geographers, 2011, 101(5): 1032-1048.

[88] Li X, Chen G, Liu X. A New Global Land-Use and Land-Cover Change Product at a 1-km Resolution for 2010 to 2100 Based on Human–Environment Interactions [J]. Annals of the American Association of Geographers, 2017, 107(5): 1040-1059.

[89] Zhao C, Li Y, Weng M. A Fractal Approach to Urban Boundary Delineation Based on Raster Land Use Maps: A Case of Shanghai, China [J]. Land, 2021, 10(9): 941. 10.3390/land10090941.

[90] Gerrit J. Knaap, Lewis D. Hopkins. The Inventory Approach to Urban Growth Boundaries[J]. Journal of the American Planning Association,2001,67(3).

[91] DIENER J. Restricting City Growth in California: are Wealthy, Homogeneous Cities More Likely to Adopt Urban Growth Boundaries[R]. Stanford University, Stanford, CA 94305, USA, 2004.

[92] Duany A, P1ater—Zyberk E. Lexicon of the new urbanism[M]. Time-Saver Standard for Urban Design,1998(5).

[93] Pendall R, Martin J, Fulton W. Holding the line: Urban containment in the United States.

Washington D.C.: The Brookings Institution Center on Urban and Metropolitan Policy, 2002.

[94] Jantz Claire, Goetz Scott, Shelley Mary. Using the SLEUTH Urban Growth Model to Simulate the Impacts of Future Policy Scenarios on Urban Land Use in the Baltimore Washington Metropolitan Area[J]. Planning and Design, 2003(30): 251-271.

[95] Xu Q, Wang Q, Liu J. Simulation of Land-Use Changes Using the Partitioned ANN-CA Model and Considering the Influence of Land-Use Change Frequency [J/OL]. ISPRS International Journal of Geo-Information, 2021, 10(5): 346.

[96] Weitz J, Moore T. Development inside Urban Growth Boundaries: Oregon's Empirical Evidence of Contiguous Urban Form [J]. Journal of the American Planning Association, 1998, 64(4): 424-440.

[97] Tian Li, Lu Chuan ting, Shen Tiyan. Theoretical and empirical research on implementation evaluation of city master plan: A case of Guangzhou City Master Plan (2001-2010). Urban Planning Forum, 2008, (5): 90-96.

[98] Liang X, Liu X P, Li X, et al. Delineating multi-scenario urban growth boundaries with a CA- based FLUS model and morphological method[J]. Landscape and Urban Planning, 2018,177:47-63.

[99] Li, X., Chen, G., Liu, X., Liang, X., Wang, S., Chen, Y., et al. A new global land-use and land-cover change product at a 1-km resolution for 2010 to 2100 based on human-environment interactions [J]. Annals of the American Association of Geographers, 4452(April), 1-20.

[100] Sybert R. Urban Growth Boundaries[R]. Governor' s Office of Planning and Research (California)and Governor' s Interagency Council on Growth Management, 1991.

[101] S L, D H, P H, et al. Uncovering land-use dynamics driven by human decision-making – A combined model approach using cellular automata and system dynamics[J]. Environmental Modelling and Software, 2012,27-28(1): 71-82.

[102] Mesgari I, Jabalameli M S. Modeling the spatial distribution of crop cultivated areas at a large regional scale combining system dynamics and a modified Dyna-CLUE: A case from Iran[J]. Spanish Journal of Agricultural Research, 2018,15(4): e211.

[103] Rosimeiry P, Idr R. A dynamic model of patterns of deforestation and their effect on the ability of the Brazilian Amazonia to provide ecosystem services[J]. Ecological Modelling, 2001,143(1): 115-146.